明光土种志

胡业功　朱林　缪志新 ◎ 主编

中国农业出版社

北　京

图书在版编目（CIP）数据

明光土种志 / 胡业功，朱林，缪志新主编. —— 北京：中国农业出版社，2025. 5. —— ISBN 978-7-109-33253-9

Ⅰ. S155.925.44

中国国家版本馆CIP数据核字第2025XE8301号

中国农业出版社出版

地址：北京市朝阳区麦子店街18号楼

邮编：100125

责任编辑：陈　瑨

版式设计：小荷博睿　　责任校对：吴丽婷

印刷：中农印务有限公司

版次：2025年5月第1版

印次：2025年5月北京第1次印刷

发行：新华书店北京发行所

开本：787mm×1092mm 1/16

印张：10.5

字数：240千字

定价：98.00元

编 委 会

序 言
PREFACE

　　《明光土种志》是第三次全国土壤普查（以下简称三普）所取得的系列成果之一，是一部具有开创性的土壤科技著作，在全国土壤基层分类研究和三普试点的基础上，对明光市的土种进行了较为系统的梳理和总结，为合理利用与开发明光市的土壤资源，实行因土种植、因土改良和因土施肥等提供科学依据。

　　该书结合了第二次全国土壤普查（以下简称二普）成果，利用已有的相关资料，同时根据在三普明光试点工作中所挖掘的土壤剖面，选择了明光市现有的个体单元清晰、资料信息齐全的土种编写而成，内容翔实而全面。土种是由若干个土壤特征相类似的一组土壤个体组合而成的集合体，选出其中概念十分清晰的土壤个体为代表，作为评比土壤性状差异与划分土种的依据。

　　《明光土种志》中每一个土种均为一组相对独立的生态样块，具有相同微域景观条件、近似的水热条件及生产特性。根据《中国土壤分类与代码》（GB/T 17296—2009）、《中国土种志》（1994）、《第二次全国土壤普查土壤分类系统》（1992）和《嘉山土壤》（1986）等资料，对明光市（1994年撤销嘉山县设立明光市）二普的72个土种进行了归并，形成了53个土种。对每个土种围绕归属与分布、主要性状、调查剖面或典型剖面、生产性能综述等方面进行了系统、全面和深入的介绍。各土种的生产性能综述是在总结群众经验的基础上，收集了大量科学实验结果归纳而成，其所提出的适种性、适耕性、肥水管理、产量水平、存在问题及利用改良措施，针对性强，具有生产应用价值。

　　该书的出版将为促进土壤成果转化为生产力，促进明光市的农业生产全面发展，实现明光市乡村全面振兴提供助力。

张传宗

编写说明
WRITTEN DESCRIPTION

一、明光市土种研究回顾

《明光土种志》是三普系列成果之一，是在整理、总结明光市有关土种资料基础上编写而成的。全书以三普的主要土壤类型剖面数据资料为依据，介绍了明光市主要土种在中国土壤分类系统和中国土壤系统分类中的归属、分布、面积、主要性状、调查剖面或典型剖面、生产性能、理化分析数据。《明光土种志》对摸清明光市土壤资源家底具有重要意义，为明光市的农业发展，开展因土种植、因土改良、因土施肥，调整农业产业结构，促进农业生产，合理利用土壤资源，推广现代农业生产技术，提供科学依据。

1958—1961年我国开展了第一次全国土壤普查，通过总结农民群众的识土、辨土、用土和改土的经验，根据土壤形态特征、生产性能等综合性状来划分土种单元，促进了耕地土壤基层分类单元的研究，土种名称采用了当地群众习惯使用的名称进行命名，如鸡粪土、黄泥土、砂泥土、两合土等。

1979年开始的二普，绘制了大比例尺土壤图，编写了以土种为基础的土壤资料，对土种单元进行了大量的理化分析，提出了明光市土壤类型的土种划分共性指标和几种土壤类型的土种划分的个性指标。就土种划分的共性指标而言，设立的指标有：①土体构型的差异，土壤剖面构型上质地级差不同而划分不同的土种，如砂土、青砂土土种；②特殊异质土层，如厚度大于10cm的黏磐层出现在剖面上的位置，50cm以上为浅位黏磐肝土，50cm以下为深位黏磐黏马肝土；③耕作层肥力状况，根据有机质含量的高低和耕作层厚度不同划分黑马肝田、马肝田和瘦马肝田（本次土壤普查又将潜育水稻土亚类中的黑马肝田、马肝田、瘦马肝田归并为六安马肝田）；④异源母质，在土层中50cm以上或以下出现异源母质覆盖层或人工堆垫的土层，都另设土种。就土种划分的个性指标而言，设立的指标有：①土体厚度，在丘陵地区的土壤中按厚度大小不同，小于30cm为薄层，30～60cm为中层，大于60cm为厚层；②质地级差层次，在潮土的土种划分中，按砂土（砂土、砂壤土）、壤土（轻壤土、中壤土）和黏土（重壤土、黏土）来划分不同土种；③水稻土潜育层发育程度，潜育水稻土在明光市仅零星分布，且野外亚铁反应有时测定不准，故只划分为青马肝田、青砂泥田和青泥骨田三个土种；④次生潜育特性，将土体软湿、浅蓝灰色、厚度在8～12cm的水稻土归并为潜育水稻土，而潜育层厚度大于20cm的划归为潜育水稻土。二普明光市所划分的土种数总计72个，为开展三普奠定了坚实基础。

二、土种划分的原则和依据

土种是土壤分类系统中的基层分类单元，是土壤分类的基础，是处于相同或相似景观部位、类似的水热条件下，具有相对一致的土壤剖面形态特征和理化性质相似的一群土壤实体。土种划分应遵循以发生学理论为基础、以土壤属性为依据的总原则，将土壤属性、成土条件、成土过程结合起来考察和分析不同土种类型。土种是识别土壤类型的基本单位，具有鲜明的生产特征，同一土种具有类似的土体构型、剖面发育性状和肥力水平，土种内仅出现土壤发育程度量上的差异，土种属性相对稳定，非一般农业技术措施所能改变。对于土种的划分，具体还应掌握：以整个土体相对稳定的属性为依据，同一土种的属性、量级指标相同，土种间的性状指标具有量级差异；土种生态样块，具有一定的微域景观条件、近似的水热条件、相同的母质及相同的植被与利用方式；同一土种的剖面发生层或其他土层的层序排列及厚度近似；同一土种的土壤特征、土层的发育程度相同；同一土种的生产性能及生产潜力相似。

三、三普明光市土种归并情况

针对目前明光市的土种存在同土异名或异土同名的现象，在三普明光试点中，根据《中国土壤分类与代码》（GB/T 17296—2009）、《第三次全国土壤普查土壤类型名称校准技术规范（修订版）》《第三次全国土壤普查暂行土壤分类系统（试行）》等标准、规范和文件，对明光市的72个土种进行了归类合并，归并后土种数为53个，有国标名的土种采用国标名及其代码，暂未列入国标名的土种采取连续命名法命名，如按其重要性依次为母质类型、土层厚度、砾石多少，具体情况如表1所示。

表1 三普明光市土壤类型（土种）归并情况

归并前亚类	归并前土属	归并前土种	归并后土种	代码
淹育水稻土	浅马肝田	浅马肝田	晓星马肝田	L1122811
渗育水稻土	渗马肝田	渗马肝田	江夏马肝田	L1132613
		渗黄白土田		
潴育水稻土	麻石砂泥田	麻石砂泥田	旌德砂泥田	L1111713
	细粒砂泥田	细粒砂泥田	暗砂泥田	—
		瘦细粒砂泥田		
	暗石泥田	暗石泥田	均质暗泥田	—
		瘦暗石泥田		
	紫砂泥田	紫砂泥田	紫砂泥田	L1112213
	马肝田	黑马肝田	六安马肝田	L1112618
		马肝田		
		瘦马肝田		
		夹砾马肝田	表层夹砾马肝田	—

（续）

归并前亚类	归并前土属	归并前土种	归并后土种	代码
潴育水稻土	黄白土田	黄白土田	黄白土田	L1112619
		灰白土田		
	湖泥田	湖泥田	郎溪湖泥田	L1111314
	砂泥田	砂泥田	潮砂泥田	L1111121
		河泥田	潮泥骨田	L1111119
		河泥田（退化）	青泥骨田	L1141125
潜育水稻土	青细粒砂泥田	青细粒砂泥田	青砂泥田	L1141312
	青马肝田	青马肝田	青马肝田	L1142112
漂洗水稻土	白马肝田	白马肝田	表白马肝田	—
		白澄板田	澄白土田	L1161416
黄潮土	砂土	砂土	砂土	H2121114
		青砂土		
	两合土	两合土	良犁两合土	H2111538
		砂心两合土	苏王砂心两合土	H2111535
	淤土	淤土	古饶淤土	H2111619
		马肝底淤土	马肝底石灰性潮黏土	—
		湖淤土	表湖淤潮黏土	—
		砂心淤土	龙北砂心淤土	H2111616
灰潮土	砂泥土	河泥土	均质灰潮黏土	—
		砂泥土	砂泥土	H2121511
		砂心砂泥土	壤质夹砂灰潮土	—
黏磐黄棕壤	黏磐黄棕壤	上位黏磐黄棕壤	黏马肝土	B1221116
		下位黏磐黄棕壤	深位黏磐黏马肝土	—
	马肝土	上位黏磐马肝土	浅位黏磐肝土	—
		下位黏磐马肝土	肝土	B1221111
		夹砾马肝土	表层轻砾肝土	—
		暗色马肝土	表暗肝土	—
	黄白土	上位黏磐黄白土	浅位黏磐黄白土	—
		上位黏磐灰白土		
		下位黏磐黄白土	舒城白黄土	B1231113
		下位黏磐灰白土		
		上位黏磐白土	夏岗白黄土	B1231114
		下位黏磐白土		
		黏磐核白土		
	潮马肝土	潮马肝土	代安潮肝土	B1221114

（续）

归并前亚类	归并前土属	归并前土种	归并后土种	代码
黄棕壤	细粒黄棕壤	中层细粒黄棕壤	中层暗泥质黄棕土	—
	细粒黄棕土	中层细粒土		
		中层砾细粒土		
		厚层细粒土	厚层暗泥质黄棕土	—
	暗石黄棕壤	中层暗石黄棕壤	砾质鸡粪土	G2231111
	暗石黄棕土	中层暗石土	嘉山鸡粪土	G2231213
		厚层暗石土		
黄棕壤性土	麻石黄棕壤性土 细粒黄棕壤性土	中层麻石黄棕壤性土	重砾中层麻砂质黄棕壤性土	—
		中层细粒黄棕壤性土	重砾中层泥质黄棕壤性土	
	暗石黄棕壤性土	中层暗石黄棕壤性土	砾质鸡粪土	G2231111
中性紫色土	紫砂土	薄层紫砂土	西山紫砂土	G2321311
	紫泥土	薄层紫砂泥土	轻砾质薄层紫壤土	—
		中层紫泥土	下阜血泥	G2321411
石灰性紫色土	石灰性紫砂土	薄层石灰性紫砂土	槐园猪血砂	G2331211
		中层石灰性紫砂土		
	石灰性紫泥土	薄层石灰性紫泥土	缺树坞猪血泥	G2331412
		中层石灰性紫泥土		
棕色石灰土	棕色石灰土 鸡肝土	中层棕色石灰土	七里鸡肝土	G2130017
		中层鸡肝土		
硅铝质粗骨土	麻石硅铝质粗骨土	麻石粗骨土	砂砾土	G2511215
	扁石硅铝质粗骨土	扁石粗骨土	西阳砂砾土	G2511313
	细粒硅铝质粗骨土	细粒粗骨土	暗砾土	G2521114
	暗石硅铝质粗骨土	暗石粗骨土	砾质鸡粪土	G2231111
	砂砾硅铝质粗骨土	砂砾粗骨土	岗集砂砾土	G2130017
硅质粗骨土	硅质粗骨土	硅质粗骨土		

注：归并前亚类、土属和土种分别指的是二普的亚类、土属和土种名，归并后土种指的是三普的土种名。

　　将淹育水稻土亚类中的浅马肝田归并为晓星马肝田，土种代码为L1122811。将渗育水稻土亚类中的渗马肝田、渗黄白土田归并为江夏马肝田，土种代码为L1132613。将潴育水稻土亚类中的麻石砂泥田归并为旌德砂泥田，土种代码为L1111713；将细粒砂泥田、瘦细粒砂泥田归并为暗砂泥田；将暗石泥田、瘦暗石泥田归并为均质暗泥田；将紫砂泥田归并为紫砂泥田，土种代码为L1112213；将黑马肝田、马肝田、瘦马肝田归并为六安马肝田，土种代码为L1112618；将夹砾马肝田归并为表层夹砾马肝田；将黄白土田和灰白土田归并为黄白土田，土种代码为L1112619；将湖泥田归并为郎溪湖泥田，土种代码为L1111314；将砂泥田、河泥田分别归并为潮砂泥田和潮泥骨田，土种代码分别为L1111121和L1111119。将潜育水稻土亚类中的青马肝田归并为青马肝田，土种代码为L1142112；将青细粒砂泥田归并为青砂泥田，土种代码为L1141312；将部分退化（潜育）的河泥田归并为青泥骨田，土种代码为L1141125。将漂洗水稻土亚类中的白澄板田归并为澄白土田，土种代码为L1161416；将白马肝田归并为表白马肝田。

将黄潮土亚类中的砂土、青砂土归并为砂土，土种代码为H2121114；将两合土归并为良犁两合土，土种代码为H2111538；将砂心两合土归并为苏王砂心两合土，土种代码为H2111535；将淤土归并为古饶淤土，土种代码为H2111619；将马肝底淤土归并为马肝底石灰性潮黏土；将湖淤土归并为表湖淤潮黏土；将砂心淤土归并为龙北砂心淤土，土种代码为H2111616。将灰潮土亚类中河泥土归并为均质灰潮黏土；将砂泥土归并为砂泥土，土种代码为H2121511；将砂心砂泥土归并为壤质夹砂灰潮土。

将黄棕壤亚类中的中层细粒黄棕壤、中层细粒土、中层砾细粒土归并为中层暗泥质黄棕土；将厚层细粒土归并为厚层暗泥质黄棕土。将黄棕壤亚类中的中层暗石黄棕壤、黄棕壤性土亚类中的中层暗石黄棕壤性土、硅铝质粗骨土亚类中的暗石粗骨土归并为砾质鸡粪土，土种代码为G2231111。将黄棕壤亚类中的中层暗石土、厚层暗石土归并为嘉山鸡粪土，土种代码为G2231213。

将黏磐黄棕壤亚类中的上位黏磐黄棕壤归并为黏马肝土，土种代码为B1221116；下位黏磐黄棕壤归并为深位黏磐黏马肝土；将上位黏磐马肝土归并为浅位黏磐肝土；将下位黏磐马肝土归并为肝土，土种代码为B1221111；将夹砾马肝土归并为表层轻砾肝土；将暗色马肝土归并为表暗肝土；将上位黏磐黄白土、上位黏磐灰白土归并为浅位黏磐黄白土；将下位黏磐黄白土、下位黏磐灰白土归并为舒城白黄土，土种代码为B1231113；将上位黏磐白土、下位黏磐白土、黏磐核白土归并为夏岗白黄土，土种代码为B1231114；将潮马肝土归并为代安潮肝土，土种代码为B1221114。

将黄棕壤性土亚类中的中层麻石黄棕壤性土归并为重砾中层麻砂质黄棕壤性土；将中层细粒黄棕壤性土归并为重砾中层泥质黄棕壤性土。

将中性紫色土亚类中的薄层紫砂土归并为西山紫砂土，土种代码为G2321311；将薄层紫泥土归并为轻砾质薄层紫壤土；将中层紫泥土归并为下阜血泥，土种代码为G2321411。

将石灰性紫色土亚类中的薄层石灰性紫砂土、中层石灰性紫砂土归并为槐园猪血砂，土种代码为G2331211；将薄层石灰性紫泥土、中层石灰性紫泥土归并为缺树坞猪血泥，土种代码为G2331412。

将棕色石灰土亚类中的中层棕色石灰土、中层鸡肝土归并为七里鸡肝土，土种代码为 G2130017。

将硅铝质粗骨土亚类中的麻石粗骨土归并为砂砾土，土种代码为 G2511215；将扁石粗骨土归并为西阳砂砾土，土种代码为 G2511313；将细粒粗骨土归并为暗砾土，土种代码为 G2521114；将砂砾粗骨土、硅质粗骨土归并为岗集砂砾土，土种代码为 G2130017。

四、土种记述内容

土种记述内容包括归属与分布、主要性状、调查剖面或典型剖面、生产性能四个部分。按照这四部分内容要求，对每一个土种进行系统整理论述。

土种命名：按照《中国土壤分类与代码》（GB/T 17296—2009），在土种归并的基础上对明光市的所有土种进行规范、科学命名。有国标名的土种采用国标名，并标注编号代码；没有国标名的土种采取连续命名法，在土属前加入石砾含量多少、土层厚度和来源母质的岩石类型，没有编号代码。石砾含量15%以上为重砾质，15%以下为轻砾质；土层厚度60cm以上为厚层，30～60cm为中层，30cm以下为薄层；花岗岩或花岗片麻岩为麻质，玄武岩等基性岩为暗泥质。

土层符号：按照《土壤外业调查与采样技术规范（修订版）》，统一土壤剖面各发生层符号。

归属与分布：土种的归属采用两种分类方式，分别是土壤发生学分类和中国土壤系统分类，发生学分类的分类单元依次是土纲、亚纲、土类、亚类、土属和土种，系统分类在本土种志中将土种归属到亚类。本土种志中的土种面积指耕地、园地、林地和草地的总面积，而不是全域面积。

主要性状：包括土壤发生性状和养分状况两部分。每个土种都有特定的土壤剖面发生层次、土体构型，以及主要养分性状特点。

调查剖面或典型剖面：介绍土种的立地条件，涉及样点空间位置、地表利用、成土环境等自然条件和人为影响的背景信息。记述成土环境信息，包括气候、地形地貌、母岩母质类型、植被、土地利用方式等，以及调查剖面或典型剖面各发生层的理化性状，其中调查剖面各发生层的土壤颜色按照中国标准土壤比色卡或芒塞尔（Munsell）土壤比色卡判定，格式为暗棕色（10YR3/3，润）。土种的调查剖面尽量采用三普所挖掘的剖面，如果土种缺少三普的剖面，则利用二普的典型剖面。

生产性能综述：土种的生产性能应具体反映各土种的宜种性、生产潜力、存在问题和改良措施，主要体现在各土种肥力特点、耕性、适种作物、轮作制度等，这些大体上都能反映各土种的生产性能特点。

五、土种编排

土种的编排根据《中国土壤分类与代码》（GB/T 17296—2009）各土种代码的字母顺序编排。没有编码的按三普明光市土壤分类系统（表2）所在土属的位置排序。

表2　三普明光市土壤发生分类系统

土纲	亚纲	土类	亚类	土属	土种
淋溶土	湿暖淋溶土	黄棕壤	典型黄棕壤	暗泥质黄棕壤	中层暗泥质黄棕土
					厚层暗泥质黄棕土
			黄棕壤性土	麻砂质黄棕壤性土	重砾中层麻砂质黄棕壤性土
				泥质黄棕壤性土	重砾中层泥质黄棕壤性土
		黄褐土	黏磐黄褐土	黄土质黏磐黄褐土	肝土
					代安潮肝土
					黏马肝土
					浅位黏磐肝土
					深位黏磐黏马肝土
					浅位黏磐黄白土
					表层轻砾肝土
					表暗肝土
			白浆化黄褐土	黄土质白浆化黄褐土	舒城白黄土
					夏岗白黄土
半水成	淡半水成土	潮土	典型潮土	石灰性潮砂土	砂土
				石灰性潮壤土	良犁两合土
					苏王砂心两合土
				石灰性潮黏土	古饶淤土
					马肝底石灰性潮黏土
					表湖淤潮黏土
					龙北砂心淤土
			灰潮土	灰潮黏土	均质灰潮黏土
				灰潮壤土	砂泥土
					壤质夹砂灰潮土
初育土	石质初育土	石灰岩土	棕色石灰土	棕色石灰土	七里鸡肝土
		火山灰土	基性岩火山灰土	基性岩火山砾泥土	砾质鸡粪土
				基性岩火山泥土	嘉山鸡粪土
		紫色土	中性紫色土	紫壤土	西山紫砂土
					轻砾质薄层紫壤土
				紫泥土	下阜血泥
			石灰性紫色土	灰紫砂土	槐园猪血砂
				灰紫泥土	缺树坞猪血泥

（续）

土纲	亚纲	土类	亚类	土属	土种
初育土	石质初育土	粗骨土	酸性粗骨土	硅质酸性粗骨土	岗集砂砾土
				麻质酸性粗骨土	砂砾土
				泥质酸性粗骨土	西阳砂砾土
			中性粗骨土	暗泥质中性粗骨土	暗砾土
人为土	人为水成土	水稻土	淹育水稻土	浅马肝泥田	晓星马肝田
			渗育水稻土	渗马肝泥田	江夏马肝田
			潴育水稻土	麻砂泥田	旌德砂泥田
				暗砂泥田	暗砂泥田
				暗石泥田	均质暗泥田
				紫泥田	紫砂泥田
				马肝泥田	六安马肝田
					表层夹砾马肝田
					黄白土田
				潮泥田	潮砂泥田
					潮泥骨田
				湖泥田	郎溪湖泥田
			潜育水稻土	青马肝泥田	青马肝田
				青麻砂泥田	青砂泥田
				青潮泥田	青泥骨田
			漂洗水稻土	漂马肝田	表白马肝田
					澄白土田

目 录
contents

1 黄棕壤

　　黄棕壤属淋溶土土纲，湿暖淋溶土亚纲，为北亚热带湿润地区地带性土壤。主要分布在明光市中部和南部，面积5 458.73hm²，占全市各土类包括水域总面积的3.40%。母质为多种岩石的风化物，在分布和发生上均有明显的南北过渡性特征，兼有棕壤与红黄壤的某些特点。有明显的黏化过程，并具有弱脱硅富铝化作用，心土层多为黄棕色，呈棱块、棱柱和块状结构，土体中盐基遭受较强淋溶，表层土壤酸性或弱酸性。

1.1 中层暗泥质黄棕土

　　1.1.1 归属与分布 二普的土种名称为中层细粒黄棕壤、中层细粒土、中层砾细粒土。土壤发生学分类：黄棕壤土类，典型黄棕壤亚类，暗泥质黄棕壤土属，中层暗泥质黄棕土土种。中国土壤系统分类：淋溶土土纲，湿润淋溶土亚纲，铁质湿润淋溶土土类，石质铁质湿润淋溶土亚类。主要分布在石坝镇、张八岭镇、涧溪镇和管店镇，地处丘陵缓坡坡麓（底部）和平缓的低丘上，坡度小于2°，冲刷相对较轻，由中性角斑岩残积、坡积物发育而成，海拔一般在30～200m，共有面积1 295.83hm²，为耕种旱地。

　　1.1.2 主要性状 该土种的母质为角斑岩、安山岩等中性岩风化的残坡积物。土壤剖面为Ap1-Ap2-B-C型，土层厚薄不一，一般为30～60cm，夹杂多少不等的砂砾。土壤耕作层较厚，灰黄棕色，砂壤土，粒状结构，较疏松；淀积层发育明显，黄棕色，块状结构，有铁锰物质淀积；母质层为淡黄棕色，块状结构，紧实，有大量碎石片。土壤质地为砂壤土至砂质黏壤土。

　　三普的17个表层土壤农化样分析结果统计显示：土壤耕作层厚度16.2cm，土壤pH 5.0，土壤有机质含量17.55g/kg、全氮1.11g/kg、有效磷56.55mg/kg、速效钾156.69mg/kg，阳离子交换量17.43cmol(+)/kg，土壤容重1.35g/cm³。

　　1.1.3 典型剖面

　　（1）采自明光市管店农场北50m，采样时间为1983年7月5日。土体中含有少量铁锰结核，土层厚度中等约45cm，耕作层厚度13cm，土壤质地为轻壤土-砂壤土-砂壤土，土壤颜色以黄棕色为主，土壤有机质含量10.3g/kg、有效磷5mg/kg、速效钾126mg/kg（表1-1）。

　　Ap1层，耕作层：0～13cm，浅灰黄色，质地轻壤土，屑粒状结构，土质疏松，根系丰度中等，为草本活根根系，含有10%左右的石砾，pH 6.2。

　　Ap2层，犁底层：13～22cm，黄灰色，质地松砂壤土，小块状结构，土质稍坚实，根系很少，细根，为草本活根根系，含有石砾，pH 6.2。

　　Bt层，黏化层：22～45cm，棕褐色，质地紧砂壤土，小块状结构，有少量铁锰淀积，土质坚实，pH 6.9。

表1-1　中层暗泥质黄棕土土壤剖面理化性状

剖面层次	取样深度（cm）	有机质（g/kg）	全氮（g/kg）	全磷（g/kg）	全钾（g/kg）	有效磷（mg/kg）	速效钾（mg/kg）	pH
Ap1	0～13	10.3	0.82	1.43	22.9	5	126	6.2
Ap2	13～22	5.3	0.50	1.49	22.3	4	120	6.2
Bt	22～45	7.1	0.51	1.48	22.6	4	120	6.9

剖面层次	容重（g/cm³）	阳离子交换量[cmol(+)/kg]	机械组成（%）					土壤质地
			0.05～1.0mm	0.01～0.05mm	0.005～0.01mm	0.001～0.005mm	0.001mm以下	
Ap1	1.24	10.4	56.38	12.51	5.39	4.90	26.14	轻壤土
Ap2	1.39	6.3	65.80	12.09	1.92	1.14	1.55	松砂壤土
Bt		5.3	79.00	10.33	3.03	0.68	4.80	紧砂壤土

（2）采自三界镇西南处，采样时间为1983年3月11日。土壤颜色以黄棕色为主，耕作层土壤质地为轻壤土，屑粒状结构。心土层质地稍黏重，为小块状结构。土层中含有较多石砾，耕作层多于心土层。土壤呈微酸性至中性反应。土层厚度约48cm，耕作层厚度12cm，土壤质地为均质轻壤土，土壤有机质含量16.6g/kg、有效磷10mg/kg、速效钾116mg/kg。

Ap1层，耕作层：0～12cm，浅黄灰色，质地轻壤土，屑粒状结构，土质稍紧实，含有石砾，pH 6.0。

Ap2层，犁底层：12～21cm，灰黄棕色，质地轻壤土，小块状结构，土质紧实，含有石砾，pH 6.4。

Bt层，黏化层：21～48cm，灰棕色，质地轻壤土，棱块状结构，小块状结构，土质紧实，含有石砾，pH 6.6。

1.1.4　生产性能综述　该土种土层较厚，土壤质地较轻，具有良好的耕作性能和保墒性能，适种性广，出苗整齐，发早苗，供肥一般，施用化肥起效快，适合多种农作物的种植。此土种利用时应注意防止水土流失，增施有机肥料，培肥地力。

1.2　厚层暗泥质黄棕土

1.2.1　归属与分布　二普的土种名称为厚层细粒土。土壤发生学分类：黄棕壤土类，典型黄棕壤亚类，暗泥质黄棕壤土属，厚层暗泥质黄棕土土种。中国土壤系统分类：淋溶土土纲，湿润淋溶土亚纲，铁质湿润淋溶土土类，普通铁质湿润淋溶土亚类。主要分布在管店镇，地处低丘坡地下部平缓地带，冲刷相对较轻，俗称"山淤土"。海拔一般在50m左右，面积100.51hm²，为耕种旱地。

1.2.2　主要性状　该土种母质为角斑岩、安山岩等中性岩风化的残坡积物，土壤剖面为Ap1–Ap2–B–C型，土体厚度大于60cm，土体中均有少量母岩半风化物，砾石含量小于15%，土壤呈微酸性至中性反应，砂壤土至砂质黏壤土。耕作层质地壤土，黄棕灰色，屑粒状结构，稍紧，有少量石砾；犁底层发育明显，黄棕色，块状结构，有连续铁锰胶膜，质地壤土；黏化层为棱块状结构，结构体表面有大量灰色胶膜，黏壤土，厚度大于30cm；母质层棕褐色，棱块状结构，紧实，有少量胶膜，黏壤土至黏土。

三普的5个表层土壤农化样分析结果统计显示：土壤耕作层厚度18.8cm，土壤pH 5.7，土壤有机质含量14.63g/kg、全氮0.84g/kg、有效磷20.26mg/kg、速效钾122.24mg/kg，阳离子交换量20.08cmol(+)/kg，土壤容重1.27g/cm^3。

1.2.3 典型剖面 采自管店镇大夏村东北处，采样时间为1983年11月3日。耕作层土壤质地为中壤土，颜色较深，屑粒状结构。黏化层质地稍黏重，黄棕色，为棱块状结构。土层中含有少量石砾，耕作层多于黏化层。剖面中可见暗灰黄色胶膜，土壤呈微酸性至中性反应。土层厚度约67cm，耕作层厚度14cm，土壤质地为中壤土–中壤土–重壤土–轻黏土，土壤有机质含量16.6g/kg、有效磷10mg/kg、速效钾116mg/kg（表1–2）。

Ap1层，耕作层：0～14cm，暗黄色，质地中壤土，屑粒状结构，土质疏松，含有少量石砾，pH 6.2。

Ap2层，犁底层：14～25cm，灰棕色，质地中壤土，小块状结构，土质稍坚实，含有少量石砾，pH 6.5。

Bt层，黏化层：25～67cm，棕褐色，质地重壤土，棱块状结构，土质坚实，有明显胶膜，pH 7.2。

C层，母质层：67～123cm，灰褐色，质地轻黏土，棱块状结构，土质坚实，有胶膜，pH 7.2。

表1–2 厚层暗泥质黄棕土土壤剖面理化性状

剖面层次	取样深度（cm）	有机质（g/kg）	全氮（g/kg）	全磷（g/kg）	全钾（g/kg）	有效磷（mg/kg）	速效钾（mg/kg）	pH
Ap1	0～14	16.6	1.26	1.28	14.9	10	116	6.2
Ap2	14～25	11.5	0.88	1.13	14.9	4	104	6.5
Bt	25～67	6.90	0.61	0.80	15.7	3	98	7.2
C	67～123	7.20	0.59	0.45	16.3	1	102	7.2

剖面层次	容重（g/cm³）	阳离子交换量[cmol(+)/kg]	机械组成（%）					土壤质地
			0.05～1.0mm	0.01～0.05mm	0.005～0.01mm	0.001～0.005mm	0.001mm以下	
Ap1	1.29	27.8	9.96	7.84	32.19	20.91	62.80	中壤土
Ap2	1.40	25.4	10.20	10.20	38.24	18.98	57.22	中壤土
Bt		25.4	6.20	21.88	27.49	16.66	44.15	重壤土
C		28.3	7.08	23.82	23.65	14.98	38.63	轻黏土

1.2.4 生产性能综述 该土种较肥沃，土层厚，土壤质地较轻，具有良好的耕作性

能和保水保肥性能，适种性广，施用化肥起效快，适合多种农作物的种植。此土种利用时应注意持续保持肥力，增施有机肥料，改良土壤结构。

1.3　重砾中层麻砂质黄棕壤性土

1.3.1　归属与分布　二普的土种名称为中层麻石黄棕壤性土。土壤发生学分类：黄棕壤土类，黄棕壤性土亚类，麻砂质黄棕壤性土土属，重砾中层麻砂质黄棕壤性土土种。中国土壤系统分类：雏形土土纲，湿润雏形土亚纲，铁质湿润雏形土土类，普通铁质湿润雏形土亚类。主要分布在明南街道和管店镇，地处低丘坡地下部较缓处，海拔一般在30～200m，俗称"砂石土"，面积564.68hm²，为耕种旱地或森林草地。

1.3.2　主要性状　该土种主要由花岗岩等酸性岩浆岩风化物发育而成。耕种旱地或林草地，其中耕种旱地的土壤耕作层较浅薄，厚度30～60cm，土壤剖面为A-（B）-C型，砾石含量15%以上，砂质壤土至壤土。耕作层土壤浅薄、疏松，粒状、小块状结构，棕灰色，重石质轻壤土。淀积层不发育或弱发育，母质层小块状结构，结构体表面分布少量的小铁锰斑纹。淀积层初步发育，黄灰棕色，呈微酸性，pH 5.7～6.5。半风化母岩深厚，砾石含量在45%左右，无压实的犁底层。

三普的4个表层土壤农化样分析结果统计显示：土壤耕作层厚度20.0cm，土壤pH 5.6，土壤有机质含量12.53g/kg、全氮0.85g/kg、有效磷38.05mg/kg、速效钾114.50mg/kg，阳离子交换量19.41cmol(+)/kg，土壤容重1.35g/cm³。

1.3.3　典型剖面　采自管店镇邱郢村东南400m处，采样时间为1983年12月8日。耕作层土壤质地为轻壤土，浅黄灰色，屑粒状结构，有大量石砾。淀积层质地也为轻壤土，黄灰棕色，有少量不连续铁锰胶膜。土层厚度34cm，耕作层厚度11cm，土壤质地为轻壤土－轻壤土－轻壤土。耕作层土壤有机质含量16.6g/kg、有效磷3mg/kg、速效钾125mg/kg，土壤呈弱酸性反应（表1-3）。

表1-3　重砾中层麻砂质黄棕壤性土土壤剖面理化性状

剖面层次	取样深度（cm）	有机质（g/kg）	全氮（g/kg）	全磷（g/kg）	全钾（g/kg）	有效磷（mg/kg）	速效钾（mg/kg）	pH
A	0～11	16.6	1.07	0.47	19.5	3	125	6.0
B	11～34	6.8	0.53	0.12	18.7	1	104	6.2
C	34～58	5.7	0.47	0.21	20.2	1	98	6.0

剖面层次	容重（g/cm³）	阳离子交换量［cmol(+)/kg］	机械组成（%）					土壤质地
			0.05～1.0mm	0.01～0.05mm	0.005～0.01mm	0.001～0.005mm	0.001mm以下	
A	1.31	8.8	3.19	32.29	40.87	4.71	6.72	轻壤土
B	1.38	8.6	35.47	40.17	7.87	5.73	10.76	轻壤土
C		9.9	33.27	44.14	4.95	4.71	12.93	轻壤土

A层，耕作层：0～11cm，浅黄灰色，质地轻壤土，屑粒状结构，土质疏松，含有大量石砾，pH 6.0。

B层，淀积层：11～34cm，黄灰棕色，质地轻壤土，块状结构，有少量不连续铁锰胶膜，稍紧，有石砾，pH 6.2。

C层，母质层：34～58cm，黄棕色，质地轻壤土，粒状结构，土质紧实，有石砾，pH 6.0。

1.3.4　生产性能综述　该土种土层薄，腐殖质淋溶层、淀积层初步发育，土壤质地较轻，砾石含量高，影响耕种。表层土壤有机质含量较高，但因其表层浅薄导致土壤肥力不高，土壤农业利用率较低，适合作为林业用地。

1.4　重砾中层泥质黄棕壤性土

1.4.1　归属与分布　二普的土种名称为中层细粒黄棕壤性土。土壤发生学分类：黄棕壤土类，黄棕壤性土亚类，泥质黄棕壤性土土属，重砾中层泥质黄棕壤性土土种。中国土壤系统分类：雏形土土纲，湿润雏形土亚纲，铁质湿润雏形土土类，普通铁质湿润雏形土亚类。主要分布在南部丘陵的张八岭镇和三界镇，地处丘陵的中上部，海拔一般在150～300m，共有面积3 497.71hm²，为耕种旱地或林草地。

1.4.2　主要性状　该土种的母质为残坡积物，表层土壤含少量粗砾石。土壤剖面为A–（B）–C型，有效土层浅薄，砾石随剖面加深而递增。表层疏松，底层紧实。土壤质地为砂质壤土–砂质壤土–砂土及壤质砂土–砂土及壤质砂土。土壤阳离子交换量15～30cmol(+)/kg，pH 4.5～5.5。

三普的17个表层土壤农化样分析结果统计显示：土壤耕作层厚度18.0cm，土壤pH 5.2，土壤有机质含量14.02g/kg、全氮0.87g/kg、有效磷54.39mg/kg、速效钾134.06mg/kg，阳离子交换量18.71cmol(+)/kg，土壤容重1.30g/cm³。相比二普时期的土壤有机质含量14.40g/kg、全氮0.96g/kg、有效磷19.00mg/kg、速效钾171.00mg/kg[①]，土壤有机质含量变化不大，全氮含量下降了9.4%，有效磷含量增长了65.1%，而土壤速效钾含量下降了21.6%。

1.4.3　调查剖面　采自明光市张八岭镇白米山农场低丘的缓坡上，海拔68.2m，母质为页岩的残坡积物，采样时间为2022年10月22日。年均温度15.0℃，年降水量849mm，无霜期232d，≥10℃活动积温4 829℃。植被为农作物。土壤剖面如图1-1所示，土体厚度60cm，有效土层厚度12cm，土层间边界清晰，边界过渡平滑。耕

图1-1　重砾中层泥质黄棕壤性土的土壤剖面
（张八岭镇白米山农场）

---

①　安徽省嘉山县土壤普查办公室、土壤肥料工作站，1986，《嘉山土壤》。

作层土壤润态色调5YR，润态明度7，润态彩度4，粒状、棱块状结构。土地利用类型为旱地，一年两熟，当季作物为玉米，另一季休耕。常年玉米产量水平为5 250kg/hm²，玉米季施用尿素和复合肥。耕作层土壤有机质含量丰富（23.8g/kg），阳离子交换量16.97cmol(+)/kg，土壤保肥力强。交换性盐基离子含量8.8cmol(+)/kg，土壤盐基饱和度较低，土壤pH 4.89呈酸性，土壤全氮含量1.260g/kg、有效磷21.9mg/kg、速效钾100mg/kg，养分供应能力较强（表1-4至表1-10）。

Ap层，耕作层：0～8cm，浊橙色（5YR7/4，润），质地砂质壤土，粒状、小块状结构，砾石丰度约10%，土质疏松，根系粗细中等，根系丰度中等，为草本活根根系。

AB层，过渡层：8～22cm，棕色（7.5YR4/4，润），质地砂质壤土，粒状、小块状结构，砾石丰度约15%，土质疏松，根系少，细根，为草本活根根系。

B层，淀积层：22～41cm，黄橙色（7.5YR7/8，润），质地砂土及壤质砂土，鳞片状结构，砾石丰度约10%，土质松散，根系很少，细根，为草本活根根系。

C层，母质层：41～60cm，淡棕灰色（7.5YR7/2，润），质地砂土及壤质砂土，片状结构，结构体表面分布有中等丰度小铁锰斑纹，砾石丰度约50%，土质松散，根系很少，细根，为草本活根根系。

表1-4 重砾中层泥质黄棕壤性土（张八岭镇白米山农场）土壤剖面形态学信息

剖面层次	取样深度（cm）	野外润态色调	野外润态明度	野外润态彩度	根系丰度	土壤质地
Ap	0～8	5YR	7	4	中等	砂壤土
AB	8～22	7.5YR	4	4	少	壤土
B	22～41	7.5YR	7	8	很少	壤土
C	41～60	7.5YR	7	2	很少	粉壤土

剖面层次	结构	发育程度	结持性	新生体丰度	新生体斑纹组成物质	酸碱性
Ap	粒状	强	疏松	无		中性
AB	粒状	中等	疏松	中等	铁/锰	中性
B	鳞片状	中等	松散	少	铁/锰	中性
C	片状	很弱	松散	中等	铁/锰	中性

表1-5 重砾中层泥质黄棕壤性土（张八岭镇白米山农场）土壤容重与质地

剖面层次	容重（g/cm³）	机械组成（%）				土壤质地
		0.002mm以下	0.002～0.02mm	0.02～0.2mm	0.2～2mm	
Ap	1.38	12.0	21.5	35.3	31.2	砂质壤土
AB	1.51	14.1	26.2	29.0	30.7	砂质壤土
B	1.51	8.0	3.8	57.3	30.9	砂土及壤质砂土
C	1.80	8.6	13.1	49.4	28.9	砂土及壤质砂土

表1-6 重砾中层泥质黄棕壤性土（张八岭镇白米山农场）土壤交换性养分含量

剖面层次	含水量（%）	pH	交换性酸总量 [cmol(H⁺+1/3Al³⁺)/kg]	交换性氢离子 [cmol(H⁺)/kg]	交换性铝离子 [cmol(1/3Al³⁺)/kg]	阳离子交换量 [cmol(+)/kg]
Ap	2.1	4.89	6.95	0.81	6.14	16.97
AB	2.1	4.58	7.82	1.01	6.81	21.46
B	4.0	4.91	8.36	0.89	7.47	14.10
C	4.8	5.29	10.53	1.20	9.33	28.95

剖面层次	交换性盐基总量 [cmol(+)/kg]	交换性钙 [cmol(+)/kg]	交换性镁 [cmol(+)/kg]	交换性钠 [cmol(+)/kg]	交换性钾 [cmol(+)/kg]	水溶性盐总量（g/kg）	电导率（mS/cm）
Ap	8.8	3.91	3.31	0.27	0.29	0.19	0.04
AB	12.0	2.73	0.79	0.22	0.19	0.18	0.03
B	5.2	2.70	1.67	0.27	0.19	0.19	0.02
C	17.8	4.55	12.20	0.22	0.23	0.15	0.01

表1-7 重砾中层泥质黄棕壤性土（张八岭镇白米山农场）土壤水溶性养分含量

剖面层次	水溶性钠离子 [cmol(Na⁺)/kg]	水溶性钾离子 [cmol(K⁺)/kg]	水溶性钙离子 [cmol(1/2Ca²⁺)/kg]	水溶性镁离子 [cmol(1/2Mg²⁺)/kg]
Ap	0.048	0.008	0.07	0.04
AB	0.035	0.006	0.05	0.02
B	0.050	0.002	0.03	0.02
C	0.035	0.002	0.03	0.02

剖面层次	水溶性碳酸根 [cmol(1/2CO₃²⁻)/kg]	水溶性碳酸氢根 [cmol(HCO₃⁻)/kg]	水溶性硫酸根 [cmol(1/2SO₄²⁻)/kg]	水溶性氯离子 [cmol(Cl⁻)/kg]	离子总量（g/kg）
Ap	0.02	0.07	0.03	0.06	0.12
AB	0.02	0.09	0.03	0.04	0.12
B	0.02	0.15	0.03	0.03	0.14
C	0.05	0.12	0.03	0.03	0.12

表1-8 重砾中层泥质黄棕壤性土（张八岭镇白米山农场）土壤全量养分含量

剖面层次	有机质（g/kg）	碳酸钙（g/kg）	全氮（g/kg）	全磷（g/kg）	全钾（g/kg）	全硫（g/kg）	全硼（mg/kg）	全铁（mg/kg）
Ap	23.8	10	1.260	0.32	17.2	0.15	20.48	2.83×10^4
AB	17.6	4	0.987	0.32	25.2	0.12	21.75	3.16×10^4
B	12.0	5	0.805	0.30	25.5	0.09	21.75	2.76×10^4
C	5.92	7	0.359	0.18	16.7	0.04	21.57	3.05×10^4

剖面层次	全锰（mg/kg）	全铜（mg/kg）	全锌（mg/kg）	全钼（mg/kg）	全铝（%）	全硅（%）	全钙（%）	全镁（%）
Ap	384	9.3	67.6	0.641	9.56	27.1	0.16	0.75
AB	400	9.9	72.0	0.672	8.98	38.3	0.19	0.76
B	447	11.0	72.2	0.657	11.10	45.7	0.23	0.97
C	438	10.7	72.2	0.422	8.20	24.3	0.13	0.84

表1-9　重砾中层泥质黄棕壤性土（张八岭镇白米山农场）土壤有效养分含量

剖面层次	有效磷 （mg/kg）	缓效钾 （mg/kg）	速效钾 （mg/kg）	有效硫 （mg/kg）	有效铁 （mg/kg）	有效锰 （mg/kg）
Ap	21.9	776	100	8.38	37.7	6.7
AB	17.3	703	124	5.25	39.2	3.4
B	16.8	778	60	10.06	23.9	2.4
C	3.5	781	72	4.91	4.3	1.0

剖面层次	有效铜 （mg/kg）	有效锌 （mg/kg）	有效硼 （mg/kg）	有效钼 （mg/kg）	Fe_2O_3及游离铁 （g/kg）
Ap	0.50	0.95	0.19	0.005	16.39
AB	0.50	0.74	0.15	0.020	14.73
B	0.33	0.66	0.11	0.000	14.93
C	0.07	0.20	0.06	0.000	13.03

表1-10　重砾中层泥质黄棕壤性土（张八岭镇白米山农场）土壤表层水稳性大团聚体分析（%）

样品 类型	水稳性 大团聚体1 （＜0.25mm）	水稳性 大团聚体2 （0.25～0.5mm）	水稳性 大团聚体3 （0.5～1mm）	水稳性 大团聚体4 （1～2mm）	水稳性 大团聚体5 （2～3mm）	水稳性 大团聚体6 （3～5mm）	水稳性 大团聚体7 （＞5mm）	水稳性 大团聚 体总和
水稳性 大团聚 体样品	74.2	16.6	6.7	2.2	0.2	0.2	0.0	25.8

1.4.4　生产性能综述　该土种地处低山丘陵，旱耕起垄快，湿耕不起泥，土壤保肥性不强，肥力平缓，耕性较好，易耕耙，适耕期短，适合浅根系作物；土壤通透性好，雨季不易滞水，但耐旱性一般，在进行旱作作物生产的同时，应重视水土保持，可通过增施有机肥或种植绿肥来培肥地力。

2 黄褐土

　　黄褐土土类在二普中归属于黄棕壤土类，黏磐黄棕壤亚类。三普将其划分为黄褐土土类。黄褐土属淋溶土土纲，湿暖淋溶土亚纲。黄褐土在明光市分布较广，主要集中在中部岗地地区，面积22 691.96hm²，占全市各土类总面积的14.14%。黄褐土成土母质为下蜀黄土及再生黄土状沉积物，性状与长江中下游地区的下蜀黄土相近。土壤的淋溶作用强烈，黏粒形成与淋溶、淀积十分活跃有关。黄褐土土体深厚，底层为棱块状或棱柱状结构，表层质地不一，中间层黏重坚实，部分具黏磐层，土体中有暗棕色铁锰胶膜包被于结构体面上，有铁锰结核，黏粒与铁锰胶膜移动明显。

2.1 肝土

2.1.1 归属与分布

二普的土种名称为下位黏磐马肝土。土壤发生学分类：黄褐土土类，黏磐黄褐土亚类，黄土质黏磐黄褐土土属，肝土土种。中国土壤系统分类：淋溶土土纲，湿润淋溶土亚纲，黏磐湿润淋溶土土类，普通黏磐湿润淋溶土亚类。除泊岗乡、张八岭镇外，其他各乡镇（街道）均有分布，主要分布在苏巷镇、潘村镇、明东街道、石坝镇和涧溪镇，地处波状起伏平缓的岗地，俗称"母黄泥"，海拔20～45m，面积13 326.86hm²，占黏磐黄褐土亚类面积的66%左右，为耕种旱地。

2.1.2 主要性状

该土种母质为下蜀黄土及黄土状物质（次生黄土）。土壤剖面为Ap1-Ap2-B型。土体厚度大于1m，黏磐层多出现在土体50cm以下，壤质黏土至黏土。土地利用类型为旱地，耕作层厚度8～20cm，表层土壤不含砾石，土壤质地为壤土–黏土型，有粒状、片状、块状、团粒状、团块状、棱块状、棱柱状等多种土壤结构。

　　三普的102个表层土壤农化样分析结果统计显示：土壤耕作层厚度18.5cm，土壤pH 5.3，土壤有机质含量18.15g/kg、全氮1.11g/kg、有效磷35.48mg/kg、速效钾189.80mg/kg，阳离子交换量24.47cmol(+)/kg，土壤容重1.25g/cm³。

2.1.3 调查剖面

　　（1）采自明光市明东街道魏岗村丘陵坡地，采样时间为2022年10月20日，海拔36.89m，母质为黄土状物质（次生黄土）。年均温度15.0℃，年降水量849m，无霜期232d，≥10℃活动积温4 829℃。植被为农作物。土壤剖面的理化性状如图2-1、表2-1至表2-7所示。

　　种植制度为一年两熟，当季作物为水稻，另一季休耕。水稻产量水平为7 500kg/hm²，施用复合肥和尿素，水稻秸秆全量还田。耕作层厚度为21cm，土壤质地均为粉砂质黏壤土-壤质黏土型。边界清晰，边界过渡平滑，土体厚度1m以上。耕作层土壤有机质含量32.4g/kg，阳离子交换量28.32cmol(+)/kg，土壤保肥力强。交换性盐基离子含量20.9cmol(+)/kg，土壤盐基不饱和，土壤pH 5.66，土壤全氮含量1.59g/kg、有效磷5.4mg/kg、速效钾330mg/kg，养分供应能力强。

图2-1　肝土的土壤剖面（明东街道魏岗村）

Ap1层，耕作层：0～21cm，灰黄棕色（10YR4/2，润），质地黏壤土，团粒状结构，土质疏松，结构体表面分布少量的小铁锰斑纹，根系粗细中等，根系丰度中等，为草本活根根系。

Ap2层，犁底层：21～34cm，浊黄棕色（10YR4/3，润），质地黏土，团块状结构，土质坚实，结构体表面分布很少量的小铁锰斑纹，存在少量小球形铁锰矿质瘤状结核，用小刀易于破开，细根，根系少，为草本活根根系。

Bt层，黏化层：34～78cm，棕色（10YR4/4，润），质地壤土，棱块状结构，土质疏松，结构体表面分布少量中等大小的铁锰斑纹和少量明显的铁锰新生体胶膜，存在少量小球形铁锰矿质瘤状结核，用小刀易于破开，细根，根系很少，为草本活根根系。

Btm层，黏磐层：78～120cm，灰黄棕色（10YR4/2，润），质地粉壤土，棱柱状结构，土质坚实，结构体表面分布少量的小铁锰斑纹，存在少量小球形铁锰矿质瘤状结核，用小刀易于破开，根系无。

表2-1　肝土（明东街道魏岗村）土壤剖面形态学信息

剖面层次	取样深度（cm）	野外润态色调	野外润态明度	野外润态彩度	根系丰度	土壤质地
Ap1	0～21	10YR	4	2	中等	黏壤土
Ap2	21～34	10YR	4	3	少	黏土
Bt	34～78	10YR	4	4	很少	壤土
Btm	78～120	10YR	4	2	无	粉壤土

剖面层次	结构	发育程度	结持性	新生体丰度	新生体瘤状结核组成物质	酸碱性
Ap1	团粒状	强	疏松	无		中性
Ap2	团块状	强	坚实	少	铁/锰	中性
Bt	棱块状	中等	疏松	少	铁/锰	中性
Btm	棱柱状	中等	坚实	少	铁/锰	中性

表2-2 肝土（明东街道魏岗村）土壤容重与质地

剖面层次	容重（g/cm³）	机械组成（%）				土壤质地
		0.002mm以下	0.002～0.02mm	0.02～0.2mm	0.2～2mm	
Ap1	1.20	18.9	51.7	28.2	1.2	粉砂质黏壤土
Ap2	1.55	39.9	41.8	18.1	0.2	壤质黏土
Bt	1.47	38.0	42.7	19.0	0.3	壤质黏土
Btm	1.54	38.2	28.6	33.1	0.1	壤质黏土

表2-3 肝土（明东街道魏岗村）表层土壤水稳性大团聚体含量

水稳性大团聚体含量	质量比例（%）	水稳性大团聚体含量	质量比例（%）
<0.25mm	25.6	2～3mm	1.8
0.25～0.5mm	9.1	3～5mm	5.8
0.5～1mm	8.9	5mm以上	43.7
1～2mm	5.1		

表2-4 肝土（明东街道魏岗村）土壤交换性养分含量

剖面层次	含水量（%）	pH	交换性酸总量 [cmol(H⁺+1/3Al³⁺)/kg]	交换性氢离子 [cmol(H⁺)/kg]	交换性铝离子 [cmol(1/3Al³⁺)/kg]	阳离子交换量 [cmol(+)/kg]
Ap1	5.7	5.66	0.42	0.10	0.32	28.32
Ap2	6.7	7.11	<0.10	<0.10	<0.10	38.39
Bt	6.0	7.34	<0.10	<0.10	<0.10	34.84
Btm	5.3	7.31	<0.10	<0.10	<0.10	25.51

剖面层次	交换性盐基总量 [cmol(+)/kg]	交换性钙 [cmol(+)/kg]	交换性镁 [cmol(+)/kg]	交换性钠 [cmol(+)/kg]	交换性钾 [cmol(+)/kg]	水溶性盐总量（g/kg）	电导率（mS/cm）
Ap1	20.9	13.7	5.69	0.38	0.60	0.35	0.08
Ap2	27.1	17.7	8.21	0.49	0.42	0.22	0.05
Bt	27.9	18.7	7.91	0.54	0.49	0.44	0.08
Btm	20.1	18.0	0.95	0.59	0.47	0.26	0.05

表2-5 肝土（明东街道魏岗村）土壤水溶性养分含量

剖面层次	水溶性钠离子 [cmol(Na⁺)/kg]	水溶性钾离子 [cmol(K⁺)/kg]	水溶性钙离子 [cmol(1/2Ca²⁺)/kg]	水溶性镁离子 [cmol(1/2Mg²⁺)/kg]
Ap1	0.182	0.034	0.19	0.11
Ap2	0.115	0.005	0.08	0.07
Bt	0.240	0.007	0.19	0.11
Btm	0.182	0.002	0.13	0.08

剖面层次	水溶性碳酸根 [cmol(1/2CO₃²⁻)/kg]	水溶性碳酸氢根 [cmol(HCO₃⁻)/kg]	水溶性硫酸离子 [cmol(1/2SO₄²⁻)/kg]	水溶性氯离子 [cmol(Cl⁻)/kg]	离子总量（g/kg）
Ap1	0.04	0.08	0.15	0.17	0.30
Ap2	0.02	0.07	0.09	0.08	0.17
Bt	0.03	0.20	0.11	0.16	0.35
Btm	0.02	0.16	0.07	0.08	0.24

表2-6　肝土（明东街道魏岗村）土壤全量养分含量

剖面层次	有机质（g/kg）	碳酸钙（g/kg）	全氮（g/kg）	全磷（g/kg）	全钾（g/kg）	全硫（g/kg）	全硼（mg/kg）	全铁（mg/kg）
Ap1	32.4	4	1.590	0.47	16.8	0.20	44.02	3.01×10^4
Ap2	3.98	7	0.348	0.28	22.3	0.09	41.47	4.33×10^4
Bt	9.38	6	0.376	0.32	18.9	0.06	39.15	3.69×10^4
Btm	4.25	9	0.397	0.31	19.7	0.06	44.14	4.23×10^4

剖面层次	全锰（mg/kg）	全铜（mg/kg）	全锌（mg/kg）	全钼（mg/kg）	全铝（%）	全硅（%）	全钙（%）	全镁（%）
Ap1	378	23.8	53.9	0.512	17.80	30.7	0.60	0.75
Ap2	843	29.4	72.1	0.418	9.42	36.7	0.73	0.97
Bt	692	28.1	68.0	0.430	10.10	32.8	0.82	0.99
Btm	687	25.9	66.5	0.432	8.01	40.8	0.71	0.97

表2-7　肝土（明东街道魏岗村）土壤有效养分含量

剖面层次	有效磷（mg/kg）	缓效钾（mg/kg）	速效钾（mg/kg）	有效硫（mg/kg）	有效硅（mg/kg）	有效铁（mg/kg）
Ap1	5.4	484	330	17.09	216.85	184.9
Ap2	0.7	827	157	11.91	456.05	9.2
Bt	0.5	626	172	12.54	544.39	11.0
Btm	1.0	794	202	22.68	569.55	10.4

剖面层次	有效锰（mg/kg）	有效铜（mg/kg）	有效锌（mg/kg）	有效硼（mg/kg）	有效钼（mg/kg）	Fe_2O_3及游离铁（g/kg）
Ap1	16.8	3.53	0.76	0.27	0.06	19.13
Ap2	8.2	0.68	0.25	0.03	0.01	18.28
Bt	18.7	0.47	0.09	0.05	0.04	17.70
Btm	6.9	1.14	0.15	0.04	0.02	16.76

（2）采自明光市明东街道唐郢村丘陵坡地，采样时间为2022年8月23日，海拔41.28m，母质为黄土状物质（次生黄土）。年均温度15.0℃，年降水量849mm，无霜期232d，≥10℃活动积温4 829℃。植被为农作物。土壤剖面理化性状如图2-2、表2-8至表2-14所示。

种植制度为一年两熟，当季作物为西瓜，另一季休耕。西瓜产量为45 000kg/hm²，瓜藤不还田，施用尿素+西瓜专用肥。有效土层厚度27cm，土壤质地为砂质壤土–壤质黏土–黏土–砂质黏土。边界清晰，边界过渡平滑，土体厚度1m以上。耕作层土壤有机质

图2-2　肝土的土壤剖面（明东街道唐郢村）

含量32.4g/kg，阳离子交换量35.7cmol(+)/kg，土壤保肥力强。交换性盐基离子含量30.4cmol(+)/kg，土壤盐基不饱和，土壤pH 6.23，呈弱酸性，土壤全氮含量2.19g/kg、有效磷281.4mg/kg、速效钾508mg/kg，养分供应能力强。

Ap1层，耕作层：0～17cm，灰黄棕色（10YR4/2，润），质地砂壤土，粒状结构，土质疏松，细根，根系丰度中等，为草本活根根系。

Ap2层，犁底层：17～27cm，灰黄棕色（10YR4/2，润），质地黏壤土，棱块状结构，土质坚实，结构体表面分布少量的小铁锰斑纹，存在很少量小球形铁锰矿质瘤状结核，结核硬度软，细根，根系少，为草本活根根系。

Bt层，黏化层：27～47cm，黑棕色（10YR3/2，润），质地黏土，棱柱状结构，土质坚实，结构体表面分布少量的小铁锰斑纹和少量明显的黏粒、铁锰氧化物新生体胶膜，存在少量小球形铁锰矿质瘤状结核，结核硬度软，细根，根系很少，为草本活根根系。

Btm层，黏磐层：47～120cm，浊黄棕色（10YR4/3，润），质地黏土，棱柱状结构，土质很坚实，结构体表面分布少量的小铁锰斑纹，存在少量小球形铁锰矿质瘤状结核，用小刀易于破开，细根，根系很少，为草本活根根系。

表2-8 肝土（明东街道唐郢村）土壤剖面形态学信息

剖面层次	取样深度（cm）	野外润态色调	野外润态明度	野外润态彩度	根系丰度	土壤质地
Ap1	0～17	10YR	4	2	中等	砂壤土
Ap2	17～27	10YR	4	2	少	黏壤土
Bt	27～47	10YR	3	2	很少	黏土
Btm	47～120	10YR	4	3	很少	黏土

剖面层次	结构	发育程度	结持性	新生体丰度	新生体瘤状结核组成物质	酸碱性
Ap1	粒状	强	疏松	无		中性
Ap2	棱块状	强	坚实	很少	铁/锰	中性
Bt	棱柱状	强	坚实	少	铁/锰	中性
Btm	棱柱状	强	很坚实	少	铁/锰	中性

表2-9 肝土（明东街道唐郢村）土壤容重与质地

剖面层次	容重（g/cm³）	机械组成（%）				土壤质地
		0.002mm以下	0.002～0.02mm	0.02～0.2mm	0.2～2mm	
Ap1	1.12	12.5	24.9	60.8	1.8	砂质壤土
Ap2	1.51	30.9	38.6	28.1	2.4	壤质黏土
Bt	1.54	51.0	34.2	13.7	1.1	黏土
Btm	1.56	40.7	5.1	52.2	2.0	砂质黏土

表2-10　肝土（明东街道唐郢村）表层土壤水稳性大团聚体含量

水稳性大团聚体含量	质量比例（%）	水稳性大团聚体含量	质量比例（%）
＜0.25mm	39.4	2～3mm	2.7
0.25～0.5mm	16.9	3～5mm	5.3
0.5～1mm	16.1	5mm以上	11.3
1～2mm	8.3		

表2-11　肝土（明东街道唐郢村）土壤交换性养分含量

剖面层次	含水量（%）	pH	交换性酸总量 [cmol(H⁺+1/3Al³⁺)/kg]	交换性氢离子 [cmol(H⁺)/kg]	交换性铝离子 [cmol(1/3Al³⁺)/kg]	阳离子交换量 [cmol(+)/kg]
Ap1	1.8	6.23	＜0.10	＜0.10	＜0.10	35.70
Ap2	3.5	6.86	＜0.10	＜0.10	＜0.10	24.63
Bt	6.5	6.73	＜0.10	＜0.10	＜0.10	30.27
Btm	4.0	7.09	＜0.10	＜0.10	＜0.10	29.73

剖面层次	交换性盐基总量 [cmol(+)/kg]	交换性镁 [cmol(+)/kg]	交换性钠 [cmol(+)/kg]	交换性钾 [cmol(+)/kg]	水溶性盐总量 （g/kg）	电导率 （mS/cm）
Ap1	30.4	6.87	0.59	1.96	3.50	0.930
Ap2	19.7	4.85	0.87	0.48	0.19	0.050
Bt	27.8	8.27	0.57	0.43	0.22	0.052
Btm	25.5	7.43	0.49	0.54	0.25	0.060

表2-12　肝土（明东街道唐郢村）土壤水溶性养分含量

剖面层次	水溶性钠离子 [cmol(Na⁺)/kg]	水溶性钾离子 [cmol(K⁺)/kg]	水溶性钙离子 [cmol(1/2Ca²⁺)/kg]	水溶性镁离子 [cmol(1/2Mg²⁺)/kg]
Ap1	0.399	0.614	1.79	1.75
Ap2	0.094	0.005	0.25	0.03
Bt	0.144	0.005	0.06	0.05
Btm	0.166	0.005	0.22	0.01

剖面层次	水溶性碳酸根 [cmol(1/2CO₃²⁻)/kg]	水溶性碳酸氢根 [cmol(HCO₃⁻)/kg]	水溶性硫酸根 [cmol(1/2SO₄²⁻)/kg]	水溶性氯离子 [cmol(Cl⁻)/kg]	离子总量 （g/kg）
Ap1	0.04	0.18	2.01	0.74	1.38
Ap2	＜0.01	0.07	0.06	0.09	0.18
Bt	0.03	0.09	0.10	0.10	0.20
Btm	＜0.01	0.11	0.10	0.09	0.24

表2-13 肝土（明东街道唐郢村）土壤全量养分含量

剖面层次	有机质（g/kg）	碳酸钙（g/kg）	全氮（g/kg）	全磷（g/kg）	全钾（g/kg）	全硫（g/kg）	全硼（mg/kg）	全铁（mg/kg）
Ap1	32.40	7	2.190	1.23	17.8	0.43	49.39	2.23×10^4
Ap2	10.20	3	0.601	0.28	16.4	0.04	49.78	3.46×10^4
Bt	6.49	4	0.274	0.19	17.0	0.05	66.91	4.87×10^4
Btm	3.55	5	0.425	0.36	19.2	0.05	39.75	3.46×10^4

剖面层次	全锰（mg/kg）	全铜（mg/kg）	全锌（mg/kg）	全钼（mg/kg）	全铝（%）	全硅（%）	全钙（%）	全镁（%）
Ap1	389	26.8	55.5	1.030	5.00	44.2	0.72	0.44
Ap2	718	19.5	41.7	0.511	7.77	39.7	0.58	0.56
Bt	572	30.7	64.8	0.474	7.47	38.8	0.49	0.80
Btm	307	27.2	40.7	0.524	7.70	37.5	0.46	0.67

表2-14 肝土（明东街道唐郢村）土壤有效养分含量

剖面层次	有效磷（mg/kg）	缓效钾（mg/kg）	速效钾（mg/kg）	有效硫（mg/kg）	有效铁（mg/kg）	有效锰（mg/kg）
Ap1	281.4	804	508	210.00	34.8	38.0
Ap2	1.5	472	121	25.40	8.9	19.8
Bt	0.6	524	207	24.32	8.2	2.2
Btm	0.4	515	173	21.40	2.0	0.4

剖面层次	有效铜（mg/kg）	有效锌（mg/kg）	有效硼（mg/kg）	有效钼（mg/kg）	Fe_2O_3及游离铁（g/kg）
Ap1	2.04	3.51	1.07	0.17	17.06
Ap2	1.01	0.22	0.12	0.05	24.31
Bt	0.35	0.13	0.08	0.02	23.17
Btm	0.15	0.06	0.06	0.04	31.10

（3）采自明光市桥头镇新建村，采样时间为2022年9月19日，海拔28.2m，地形部位为坡麓，母质为黄土状物质。当季作物为花生。土壤剖面如图2-3所示，各层次质地为黏壤土–黏土–粉砂质壤土–壤质黏土。土壤剖面的理化性状如表2-15至表2-21所示。

Ap1层，耕作层：0～10cm，浊黄橙色（10YR7/4，润），质地黏壤土，团粒状结构，植物根系数量中等，土质疏松，保留少量母质特性，无铁锰斑纹，pH 4.55。

Ap2层，犁底层：10～22cm，黄棕色（10YR5/6，

图2-3 肝土的土壤剖面（桥头镇新建村）

润），质地黏土，团块状结构，植物根系少，土质很坚实，保留少量母质特性和少量铁锰斑纹，pH 6.41。

Bt1层，黏化层：22～50cm，浊黄棕色（10YR5/4，润），质地粉砂质壤土，棱柱状结构，植物根系很少，土质坚实，保留部分母质特性和少量铁锰斑纹，pH 6.28。

Bt2层，黏化层：50～120cm，棕色（10YR4/4，润），质地壤质黏土，棱块状结构，植物根系很少，土质很坚实，保留部分母质特性和少量铁锰斑纹，pH 7.21。

表2-15　肝土（桥头镇新建村）土壤剖面形态学信息

剖面层次	取样深度（cm）	野外润态色调	野外润态明度	野外润态彩度	根系丰度	土壤质地
Ap1	0～10	10YR	7	4	中等	黏壤土
Ap2	10～22	10YR	5	6	少	黏土
Bt1	22～50	10YR	5	4	很少	粉砂质壤土
Bt2	50～120	10YR	4	4	很少	黏土

剖面层次	结构	发育程度	结持性	新生体丰度	新生体斑纹组成物质	酸碱性
Ap1	团粒状	中等	疏松	无		酸性
Ap2	团块状	中等	坚实	少	铁/锰	碱性
Bt1	棱柱状	弱	坚实	少	铁/锰	碱性
Bt2	棱块状	弱	很坚实	少	铁/锰	中性

表2-16　肝土（桥头镇新建村）土壤容重与质地

剖面层次	容重（g/cm³）	机械组成（%）				土壤质地
		0.002mm以下	0.002～0.02mm	0.02～0.2mm	0.2～2mm	
Ap1	1.24	18.4	39.6	36.5	5.5	黏壤土
Ap2	1.36	52.0	23.0	22.8	2.2	黏土
Bt1	1.40	11.8	46.4	39.7	2.1	粉砂质壤土
Bt2	1.54	42.7	27.0	28.1	2.2	壤质黏土

表2-17　肝土（桥头镇新建村）表层土壤水稳性大团聚体含量

水稳性大团聚体直径	质量比例（%）	水稳性大团聚体直径	质量比例（%）
<0.25mm	62.0	2～3mm	2.8
0.25～0.5mm	6.8	3～5mm	2.0
0.5～1mm	16.4	5mm以上	0.7
1～2mm	9.3		

表2-18 肝土（桥头镇新建村）土壤交换性养分含量

剖面层次	取样深度（cm）	含水量（%）	pH	交换性酸总量 [cmol(H⁺+1/3Al³⁺)/kg]	交换性氢离子 [cmol(H⁺)/kg]	交换性铝离子 [cmol(1/3Al³⁺)/kg]	阳离子交换量 [cmol(+)/kg]
Ap1	0～10	4.6	4.55	4.17	2.27	1.90	30.28
Ap2	10～22	8.1	6.41	<0.10	<0.10	<0.10	36.65
Bt1	22～50	7.6	6.28	<0.10	<0.10	<0.10	36.02
Bt2	50～120	6.3	7.21	<0.10	<0.10	<0.10	36.10

剖面层次	交换性盐基总量 [cmol(+)/kg]	交换性钙 [cmol(+)/kg]	交换性镁 [cmol(+)/kg]	交换性钠 [cmol(+)/kg]	交换性钾 [cmol(+)/kg]	水溶性盐总量（g/kg）	电导率（mS/cm）
Ap1	16.8	8.24	3.05	0.33	0.52	0.84	0.20
Ap2	29.1	20.30	7.60	0.38	0.52	0.29	0.04
Bt1	28.0	19.20	7.56	0.43	0.49	0.28	0.06
Bt2	29.1	20.50	7.37	0.43	0.46	0.29	0.06

表2-19 肝土（桥头镇新建村）土壤水溶性养分含量

剖面层次	水溶性钠离子 [cmol(Na⁺)/kg]	水溶性钾离子 [cmol(K⁺)/kg]	水溶性钙离子 [cmol(1/2Ca²⁺)/kg]	水溶性镁离子 [cmol(1/2Mg²⁺)/kg]
Ap1	0.098	0.057	0.46	0.21
Ap2	0.091	0.009	0.17	0.08
Bt1	0.134	0.009	0.19	0.10
Bt2	0.165	0.007	0.10	0.06

剖面层次	水溶性碳酸根 [cmol(1/2CO₃²⁻)/kg]	水溶性碳酸氢根 [cmol(HCO₃⁻)/kg]	水溶性硫酸根 [cmol(1/2SO₄²⁻)/kg]	水溶性氯离子 [cmol(Cl⁻)/kg]	离子总量（g/kg）
Ap1	0.02	0.09	0.04	0.78	0.52
Ap2	0.03	0.14	0.04	0.11	0.23
Bt1	0.02	0.12	0.14	0.11	0.28
Bt2	0.02	0.13	0.15	0.10	0.27

表2-20 肝土（桥头镇新建村）土壤全量养分含量

剖面层次	有机质（g/kg）	碳酸钙（g/kg）	全氮（g/kg）	全磷（g/kg）	全钾（g/kg）	全硫（g/kg）	全硼（mg/kg）	全铁（mg/kg）
Ap1	18.40	5	1.190	0.42	9.2	0.12	35.76	3.64×10^4
Ap2	9.50	3	0.497	0.18	15.0	0.05	49.25	5.00×10^4
Bt1	2.74	5	0.491	0.15	15.7	0.09	45.78	4.46×10^4
Bt2	7.48	4	0.361	0.20	17.3	0.06	40.98	4.42×10^4

剖面层次	全锰（mg/kg）	全铜（mg/kg）	全锌（mg/kg）	全钼（mg/kg）	全铝（%）	全硅（%）	全钙（%）	全镁（%）
Ap1	869	19.8	44.3	0.870	7.02	29.1	0.43	0.57
Ap2	643	28.0	61.3	0.655	9.72	27.9	0.62	0.78
Bt1	1 082	28.5	62.1	0.634	9.89	27.8	0.88	0.85
Bt2	590	26.6	57.6	0.444	7.15	27.0	0.54	0.81

表2-21　肝土（桥头镇新建村）土壤有效养分含量（mg/kg）

剖面层次	有效磷	缓效钾	速效钾	有效硫	有效铁	有效锰	有效铜	有效锌	有效硼	有效钼
Ap1	39.8	280	188	15.87	42.7	178.5	0.82	0.44	0.23	0.06
Ap2	0.1	420	192	13.32	12.7	5.6	0.38	0.22	0.08	0.05
Bt1	0.1	418	194	18.83	15.9	29.5	0.42	0.21	0.07	0.05
Bt2	0.1	483	156	25.90	11.2	34.5	0.30	0.11	0.05	0.05

（4）采自明光市明东街道大纪村丘陵阶地顶部，采样时间为2022年8月16日，海拔20.7m，母质为黄土状物质（次生黄土）。年均温度15.0℃，年降水量849mm，无霜期232d，≥10℃活动积温4 829℃。植被为农作物。土壤剖面性状如图2-4、表2-22至表2-28所示。

种植制度为一年两熟，麦豆轮作，当季作物为大豆。常年作物产量水平，小麦为6 300kg/hm²，大豆为2 625kg/hm²，小麦秸秆全量还田。小麦季施用复合肥和尿素，大豆季施用复合肥。有效土层厚度为16cm。土壤剖面层次边界清晰，过渡平滑，土体厚度1m以上。耕作层土壤有机质含量15.2g/kg，阳离子交换量24.00cmol(+)/kg，土壤保肥力强。交换性盐基离子含量22.9cmol(+)/kg，土壤pH 7.17呈中性，土壤全氮含量1.11g/kg、有效磷10.2mg/kg、速效钾307mg/kg。

Ap1层，耕作层：0～10cm，质地壤质黏土，粒状结构，土质极疏松，细根，根系少，为木本、草本活根根系。

Ap2层，犁底层：10～16cm，质地壤质黏土，棱块状结构，土质坚实，细根，根系很少，为木本、草本活根根系。

图2-4　肝土的土壤剖面
（明东街道大纪村）

Bt1层，黏化层：16～52cm，质地壤质黏土，棱柱状结构，土质坚实，结构体表面分布少量的小铁锰斑纹和少量明显的铁锰新生体胶膜，存在少量小球形铁锰矿质瘤状结核，用小刀易于破开，细根，根系很少，为木本、草本活根根系。

Bt2层，黏化层：52～88cm，质地壤质黏土，棱块状结构，土质疏松，结构体表面分布少量很小的铁锰斑纹和少量明显的铁锰新生体胶膜，存在少量小球形铁锰矿质瘤状结核，用小刀易于破开，细根，根系很少，为木本、草本活根根系。

Btm层，黏磐层：88～120cm，质地壤质黏土，棱块状结构，土质疏松，结构面分布少量明显的铁锰新生体胶膜，存在少量很小的球形铁锰矿质瘤状结核，用小刀易于破开，根系无。

表2-22 肝土（明东街道大纪村）土壤剖面形态学信息

剖面层次	取样深度（cm）	根系丰度	土壤质地	结构	发育程度	结持性	新生体丰度	新生体瘤状结核组成物质	酸碱性
Ap1	0~10	少	黏土	粒状	强	极疏松	无		中性
Ap2	10~16	很少	黏土	棱块状	强	坚实	无		中性
Bt1	16~52	很少	黏土	棱柱状	强	坚实	少	铁/锰	中性
Bt2	52~88	很少	黏土	棱块状	中等	疏松	少	铁/锰	中性
Btm	88~120	无	黏土	棱块状	中等	疏松	少	铁/锰	中性

表2-23 肝土（明东街道大纪村）土壤容重与质地

剖面层次	容重（g/cm³）	机械组成（%）				土壤质地
		0.002mm以下	0.002~0.02mm	0.02~0.2mm	0.2~2mm	
Ap1	1.25	25.9	32.5	39.1	2.5	壤质黏土
Ap2	1.42	29.4	38.6	30.1	1.9	壤质黏土
Bt1	1.34	40.3	38.8	20.1	0.8	壤质黏土
Bt2	1.49	38.0	38.7	22.5	0.8	壤质黏土
Btm	1.52	38.4	40.3	20.6	0.7	壤质黏土

表2-24 肝土（明东街道大纪村）表层土壤水稳性大团聚体含量

水稳性大团聚体直径	质量比例（%）	水稳性大团聚体直径	质量比例（%）
<0.25mm	58.1	2~3mm	1.3
0.25~0.5mm	19.8	3~5mm	2.2
0.5~1mm	10.9	5mm以上	2.2
1~2mm	5.5		

表2-25 肝土（明东街道大纪村）土壤交换性养分含量

剖面层次	含水量（%）	pH	交换性酸总量[cmol(H⁺+1/3Al³⁺)/kg]	交换性氢离子[cmol(H⁻)/kg]	交换性铝离子[cmol(1/3Al³⁺)/kg]	阳离子交换量[cmol(+)/kg]
Ap1	2.4	7.17	<0.10	<0.10	<0.10	24.00
Ap2	2.5	7.65	<0.10	<0.10	<0.10	17.14
Bt1	3.9	7.93	<0.10	<0.10	<0.10	27.23
Bt2	4.2	7.85	<0.10	<0.10	<0.10	22.67
Btm	5.0	7.76	<0.10	<0.10	<0.10	27.13

剖面层次	交换性盐基总量[cmol(+)/kg]	交换性钙[cmol(+)/kg]	交换性镁[cmol(+)/kg]	交换性钠[cmol(+)/kg]	交换性钾[cmol(+)/kg]	水溶性盐总量（g/kg）	电导率（mS/cm）
Ap1	22.9	14.9	4.98	0.75	0.92	0.36	0.10
Ap2	11.5	8.04	2.47	0.48	0.46	0.33	0.09
Bt1	17.6	10.1	6.23	0.87	0.37	0.39	0.10
Bt2	15.4	13.2	1.47	0.41	0.33	0.42	0.11
Btm	20.7	12.6	6.99	0.74	0.40	0.36	0.10

表2-26 肝土（明东街道大纪村）土壤水溶性养分含量

剖面层次	水溶性钠离子 [cmol(Na⁺)/kg]	水溶性钾离子 [cmol(K⁺)/kg]	水溶性钙离子 [cmol(1/2Ca²⁺)/kg]	水溶性镁离子 [cmol(1/2Mg²⁺)/kg]
Ap1	0.206	0.037	0.21	0.03
Ap2	0.215	0.019	0.26	0.02
Bt1	0.394	0.004	0.28	0.02
Bt2	0.447	0.004	0.16	0.01
Btm	0.429	0.006	0.19	0.01

剖面层次	水溶性碳酸根 [cmol(1/2CO₃²⁻)/kg]	水溶性碳酸氢根 [cmol(HCO₃⁻)/kg]	水溶性硫酸根 [cmol(1/2SO₄²⁻)/kg]	水溶性氯离子 [cmol(Cl⁻)/kg]	离子总量 (g/kg)
Ap1	0.04	0.14	0.10	0.12	0.30
Ap2	0.05	0.14	0.13	0.12	0.33
Bt1	<0.01	0.14	0.23	0.13	0.38
Bt2	0.05	0.16	0.21	0.14	0.41
Btm	<0.01	0.14	0.13	0.16	0.35

表2-27 肝土（明东街道大纪村）土壤全量养分含量

剖面层次	有机质 (g/kg)	碳酸钙 (g/kg)	全氮 (g/kg)	全磷 (g/kg)	全钾 (g/kg)	全硫 (g/kg)	全硼 (mg/kg)	全铁 (mg/kg)
Ap1	15.2	6	1.110	0.46	18.0	0.06	44.09	2.67×10^4
Ap2	11.9	4	0.827	0.37	20.2	0.10	43.26	2.79×10^4
Bt1	3.97	5	0.321	0.22	21.1	0.07	43.77	3.19×10^4
Bt2	2.46	6	0.282	0.38	21.9	0.06	40.92	2.73×10^4
Btm	3.36	4	0.310	0.33	16.8	0.03	46.84	3.88×10^4

剖面层次	全锰 (mg/kg)	全铜 (mg/kg)	全锌 (mg/kg)	全钼 (mg/kg)	全铝 (%)	全硅 (%)	全钙 (%)	全镁 (%)
Ap1	371	22.9	37.6	0.426	5.67	41.3	0.51	0.49
Ap2	351	20.0	32.5	0.453	6.04	41.3	0.51	0.52
Bt1	325	22.6	39.2	0.342	7.69	40.2	0.67	0.78
Bt2	412	24.2	46.2	0.303	7.34	40.3	0.78	0.89
Btm	717	23.8	61.3	0.326	8.53	38.3	0.89	0.89

表2-28 肝土（明东街道大纪村）土壤有效养分含量

剖面层次	有效磷 (mg/kg)	缓效钾 (mg/kg)	速效钾 (mg/kg)	有效硫 (mg/kg)	有效铁 (mg/kg)	有效锰 (mg/kg)	有效铜 (mg/kg)	有效锌 (mg/kg)	有效硼 (mg/kg)	有效钼 (mg/kg)	Fe₂O₃及游离铁 (g/kg)
Ap1	10.2	677	307	11.1	3.1	2.5	0.64	0.29	0.25	0.05	17.00
Ap2	5.7	648	280	8.5	3.0	1.9	0.66	0.37	0.25	0.05	18.08
Bt1	0.2	583	174	24.6	0.9	0.6	0.30	0.07	0.04	0.03	20.01
Bt2	0.4	708	162	21.0	1.1	0.5	0.13	0.03	0.03	0.03	17.19
Btm	0.2	832	164	5.6	1.1	1.7	0.53	0.10	0.05	0.05	16.44

2.1.4　生产性能综述　该土种地处丘陵坡地，由下蜀黄土母质发育而成，土壤发育较好，土层深厚，但肥力不高，耕性差，有黏磐层，耕作层质地黏重，适耕期2～3d。土壤水、气、热不协调，肥力低，雨季易滞水，渍苗发黄，植物根系下扎难，不易起苗，僵苗现象明显，后发性也差，施肥见效明显，作物生长不良。土壤保肥性能好，肥力平缓。适种范围较广，如小麦、花生、甘薯、豆类、玉米等均可种植。此土应加深耕作层，重施有机肥料，不断地熟化耕作层，提高土壤有机质含量，做好防旱工作，在水源好的地点可改种水稻。

2.2　代安潮肝土

2.2.1　归属与分布　二普的土种名称为潮马肝土。土壤发生学分类：黄褐土土类，黏磐黄褐土亚类，黄土质黏磐黄褐土土属，代安潮肝土土种。中国土壤系统分类：淋溶土土纲，湿润淋溶土亚纲，黏磐湿润淋溶土土类，普通黏磐湿润淋溶土亚类。代安潮肝土是黏磐黄褐土向潮土过渡的土壤类型，主要分布在涧溪镇、桥头镇、女山湖镇和明西街道，沿涧溪新河外缘呈带状分布，分布在沿湖向岗地过渡的缓坡上，海拔20～40m，共有面积1 378.28hm^2，为耕种旱地。

2.2.2　主要性状　该土种母质为黄土状物质（次生黄土）或下蜀黄土经搬运再堆积物，土壤剖面为Ap1-Ap2-B-C型，1m土体内上部有较明显的马肝土特征，而下部有明显的潮化现象，且界限清晰；pH从上到下均在6.0～7.0，呈中性偏酸反应，土壤肥力较高。耕作层暗黄灰色，粒状或小块状结构，黏壤土，稍紧实；犁底层黄棕色，块状结构，黏壤土，坚实；黏化层黄灰色，棱块状结构，黏土，紧实；母质层暗黄棕色，棱块或棱柱状结构，黏土，紧实，结构面上有胶膜及暗棕色锈纹锈斑和软质铁锰结核。二普时期的土壤有机质含量10.0g/kg、全氮0.70g/kg，土壤容重1.37g/cm^3，物理性黏粒含量在40%以上。

三普的8个表层土壤农化样分析结果统计显示：土壤耕作层厚度20.0cm，土壤pH 5.8，土壤有机质含量20.00g/kg、全氮1.33g/kg、有效磷49.78mg/kg、速效钾181.38mg/kg，阳离子交换量29.04cmol(+)/kg，土壤容重1.23g/cm^3。

2.2.3　典型剖面　于1982年11月29日采自明光市涧溪乡西南500m，地形部位为高阶地，坡度为微坡，海拔约20m，母质为黄土状物质（次生黄土）。植被为农作物。土壤剖面性状如表2-29至表2-31所示。

Ap1层，耕作层：0～14cm，暗黄灰色，质地重壤土，小块状结构，土质稍紧，有少量铁锰结核，pH 6.5。

Ap2层，犁底层：14～23cm，黄棕灰色，质地黏土，块状结构，土质紧实，有少量铁锰结核，pH 7.0。

Bt层，黏化层：23～57cm，黄灰色，质地黏土，棱块状结构，土质紧实，有少量铁猛结核和胶膜，pH 6.7。

C层，母质层：57～110cm，暗黄棕色，质地黏土，棱块状结构，土质紧实，有少量铁锰结核和锈纹，沿孔有红棕色铁的氧化物，pH 7.1。

表2-29　代安潮肝土土壤剖面形态学信息

剖面层次	取样深度（cm）	颜色	土壤质地	结构	结持性	新生体丰度	新生体结核组成物质	酸碱性
Ap1	0～14	暗黄灰色	重壤土	小块状	稍紧	少	铁/锰	中性
Ap2	14～23	黄棕灰色	黏土	块状	紧实	少	铁/锰	中性
Bt	23～57	黄灰色	黏土	棱块状	紧实	少	铁/锰	中性
C	57～110	暗黄棕色	黏土	棱块状	紧实	少	铁/锰	中性

表2-30　代安潮肝土土壤化学性状

剖面层次	有机质（g/kg）	全氮（g/kg）	有效磷（mg/kg）	速效钾（mg/kg）	全磷（g/kg）	全钾（g/kg）	pH	容重 g/cm³	交换量［cmol(+)/kg］
Ap1	9.60	0.71	5	136	0.32	15.4	6.7	1.37	28.2
Ap2	6.40	0.41	3	134	0.20	16.9	6.9	1.38	32.5
Bt	5.60	0.40	2	121	0.15	15.6	6.6		29.2
C	4.90	0.23		102	0.14	18.3	6.4		28.7

表2-31　代安潮肝土土壤物理性状（％）

剖面层次	物理性黏粒 <0.01mm	物理性砂粒 >0.01mm	机械组成					土壤质地
			0.05～1.0mm	0.01～0.05mm	0.005～0.01mm	0.001～0.005mm	0.001mm 以下	
Ap1	49.60	50.94	1.15	49.80	11.70	12.10	25.30	重壤土
Ap2	61.00	39.00	1.07	38.00	8.69	11.70	40.60	轻黏土
Bt	59.55	40.45	4.14	36.80	11.78	8.60	39.13	轻黏土
C	61.53	38.47	2.24	36.23	13.57	19.39	28.57	轻黏土

2.2.4　生产性能综述　该土种土质黏重，耕性差，适耕期短，一般只有3～5d，干耕易形成土坷垃，土壤出苗慢且不整齐，土壤早春回暖慢，不易发苗，但后发性较好，土壤保水保肥，耐旱性较强，但不耐涝，季汛期常渍苗发黄。土壤择肥明显，施肥见效不快。土壤适种作物不广，一般只有小麦、豆类等，近年来有的地方改种水稻，产量较高，应搞好农田基本建设，扩种水稻及耐涝作物。

2.3　黏马肝土

2.3.1　归属与分布　二普的土种名称为上位黏磐黄棕壤。土壤发生学分类：黄褐土土类，黏磐黄褐土亚类，黄土质黏磐黄褐土土属，黏马肝土土种。中国土壤系统分类：淋溶土土纲，湿润淋溶土亚纲，黏磐湿润淋溶土土类，普通黏磐湿润淋溶土亚类。主要分布在涧溪镇、古沛镇和苏巷镇等乡镇，地处岗顶、岗坡处，海拔50～100m，面积351.91hm²，多为林业用地。

2.3.2　主要性状　该土种母质为黄土状物质（次生黄土）。土壤剖面为A-B-C型，表层厚度1～8cm；黏化层厚度平均17.4cm，最大35cm，最小5cm；黏磐层厚度平均43.8cm，最大55cm，最小25cm；母质层厚度平均51.6cm，最大60cm，最小25cm。质地黏重，由于地面有一定坡度，夏季雨水冲刷十分严重，黏磐层出现在50cm以上，有的岗顶部黏磐层裸露地表，含有大量的铁锰结核，土壤呈棕黄色，结构多以块状或棱块状为主，整个剖面均有铁锰结核，似绿豆大小，心土层结构面上有光泽的棕色胶膜。整个剖面自上而下由弱酸性到中性，pH 6.2～7.5。

二普的农化样统计显示：土壤有机质含量10.6g/kg、全氮0.77g/kg、有效磷3mg/kg、速效钾140mg/kg，养分含量少，植被以茅草为主。三普的6个表层土壤农化样分析结果统计显示：土壤耕作层厚度17.7cm，土壤pH 5.9，土壤有机质含量19.52g/kg、全氮1.19g/kg、有效磷19.83mg/kg、速效钾220.17mg/kg，阳离子交换量34.36cmol(+)/kg，土壤容重1.25g/cm³。

2.3.3 典型剖面

采自明光市横山乡小夏村东南250m处，采样时间为1983年12月26日，母质为黄土状物质（次生黄土）。土壤剖面性状如表2-32至表2-34所示。

Ah层，腐殖质层：0～4cm，浅棕色，质地重壤土，小块状结构，土质稍紧，有少量铁锰结核，pH 6.7。

Bt层，黏化层：4～35cm，黄棕色，质地黏土，块状结构，土质紧实，有少量铁锰结核，pH 6.7。

Btm层，黏磐层：35～68cm，暗灰棕色，质地黏土，棱柱状结构，土质紧实，有少量铁锰结核，pH 7.0。

C层，母质层：68～100cm，棕灰色，质地黏土，棱块状结构，土质紧实，有大量铁锰结核，pH 7.0。

表2-32 黏马肝土土壤剖面形态学信息

剖面层次	取样深度（cm）	颜色	土壤质地	结构	结持性	新生体丰度	新生体结核组成物质	酸碱性
Ah	0～4	浅棕色	重壤土	小块状	稍紧	少	铁/锰	中性
Bt	4～35	黄棕色	黏土	块状	紧实	少	铁/锰	中性
Btm	35～68	暗灰棕色	黏土	棱柱状	紧实	少	铁/锰	中性
C	68～100	棕灰色	黏土	棱块状	紧实	多	铁/锰	中性

表2-33 黏马肝土土壤化学性状

剖面层次	有机质（g/kg）	全氮（g/kg）	有效磷（mg/kg）	速效钾（mg/kg）	全磷（g/kg）	全钾（g/kg）	pH	容重（g/cm³）	交换量[cmol(+)/kg]
Ah	10.9	0.86	1	157	0.13	16.1	6.7	1.38	19.2
Bt	10.2	0.97	1	103	0.09	15.0	6.7	1.43	20.7
Btm	4.4	0.57	1	101	0.13	16.0	7.4		24.0
C	2.8	0.46	2	129	0.01	14.8	7.4		27.7

表2-34　黏马肝土土壤物理性状（％）

剖面层次	物理性黏粒 <0.01mm	物理性砂粒 >0.01mm	机械组成					土壤质地
			0.05～1.0mm	0.01～0.05mm	0.005～0.01mm	0.001～0.005mm	0.001mm 以下	
Ah	45.80	54.20	1.23	52.97	10.17	11.86	23.77	重壤土
Bt	47.64	52.36	4.94	47.39	9.51	11.87	26.26	重壤土
Btm	61.61	38.39	5.04	33.35	10.77	13.14	37.70	轻黏土
C	67.23	32.77	4.99	27.78	11.21	26.55	29.48	轻黏土

2.3.4　生产性能综述　该土种分布地势较高，坡度较大，水土流失比较严重，一场大雨一道沟，土壤结构差，抗逆性弱，既不耐旱又不耐涝，土体板、瘦、黏，无明显表层。有效土体厚度中等，地面坡度陡，侵蚀强，质地黏重，通透性差，养分缺乏。有不连片的马尾松，长势较好，杉木、茶树长势很差。今后应注重发展马尾松、黑松、刺槐等先锋树种，缓坡缓岗可发展油桐、油菜、板栗、火炬松、麻栎、枫香、桑树等，提倡林下种草，加强植被保护。

2.4　浅位黏磐肝土

2.4.1　归属与分布　二普的土种名称为上位黏磐马肝土。土壤发生学分类：黄褐土土类，黏磐黄褐土亚类，黄土质黏磐黄褐土土属，浅位黏磐肝土土种。中国土壤系统分类：淋溶土土纲，湿润淋溶土亚纲，黏磐湿润淋溶土土类，普通黏磐湿润淋溶土亚类。该土主要分布在明西街道、潘村镇和涧溪镇，地处岗地顶部及上坡，海拔50～100m，面积3 178.05hm²，为耕种旱地。

2.4.2　主要性状　该土种母质为黄土状物质（次生黄土），土壤剖面为Ap1-Ap2-Btm-Bt型，土体深厚，黏磐出现在50cm以上，黏壤土至黏土。耕作层暗红棕色，黏壤土，棱块状结构，较紧实；犁底层暗红棕色，块状结构，黏壤土，紧实，有少量铁锰结核及胶膜；黏磐层红棕色，棱块状结构，黏土，极紧实，结构体表面分布少量明显的胶膜和小球形铁锰结核。

三普的88个表层土壤农化样分析结果统计显示：土壤耕作层厚度18.6cm，土壤pH 5.4，土壤有机质含量19.16g/kg、全氮1.12g/kg、有效磷28.84mg/kg、速效钾154.96mg/kg，阳离子交换量25.05cmol(+)/kg，土壤容重1.27g/cm³。相比二普的土壤有机质含量10.7g/kg、全氮0.79g/kg、有效磷8.0mg/kg、速效钾175mg/kg，土壤有机质、全氮、有效磷分别提高了79.1%、41.8%、260.5%，速效钾含量下降了11.5%。

2.4.3　调查剖面　采自明光市明西街道东潘村丘陵岗地，采样时间为2022年8月25日，海拔33.12m，母质为黄土状物质（次生黄土）。年均温度15.0℃，年降水量849mm，无霜期232d，≥10℃活动积温4 829℃。植被为农作物。土壤剖面性状如图2-5、表2-35

至表2-41所示。

有效土层厚度为25cm，土壤质地为壤土–黏壤土–黏土–黏土。边界清晰，边界过渡平滑，土体厚度1m以上。耕作层土壤有机质含量丰富，达26.1g/kg；阳离子交换量34.33cmol(+)/kg，土壤保肥力强。交换性盐基总量为30.9cmol(+)/kg，土壤盐基不饱和；土壤pH 4.89，呈酸性；土壤全氮极为丰富，含量1.56g/kg；有效磷丰富，含量33.5mg/kg；速效钾偏高，含量达184mg/kg；养分供应能力强。

Ap1层，耕作层：0～18cm，灰黄棕色（10YR4/2，润），质地壤土，团粒状结构，土壤中有蚯蚓，数量少，存在耕犁形成的铁锰–有机质磐层胶结物质，胶结程度为中胶结，土质极疏松，根系多，细根，为草本活根根系。

Ap2层，犁底层：18～25cm，灰黄棕色（10YR4/2，润），质地黏壤土，片状结构，土质很坚实，结构体表面分布少量的小铁锰斑纹和铁锰新生体胶膜，根系少，细根，为草本活根根系。

图2-5　浅位黏磐肝土的土壤剖面（明西街道东潘村）

Btm层，黏化层：25～63cm，黑棕色（10YR3/2，润），质地黏土，棱块状结构，土质坚实，结构体表面分布少量的小铁锰斑纹和少量明显的铁锰新生体胶膜，存在少量小球形铁锰矿质瘤状结核，用小刀易于破开，根系很少，细根，为草本活根根系。

Bt层，黏磐层：63～130cm，暗棕色（10YR3/3，润），质地黏土，棱块状结构，土质坚实，结构体表面分布中等丰度的小铁锰斑纹和少量明显的铁锰新生体胶膜，存在少量小球形铁锰矿质瘤状结核，用小刀易于破开，存在自然形成的黏粒磐层胶结物质，胶结程度为中胶结，根系很少，根极细，为草本活根根系。

表2-35　浅位黏磐肝土（明西街道东潘村）土壤剖面形态学信息

剖面层次	取样深度（cm）	野外润态色调	野外润态明度	野外润态彩度	根系丰度	土壤质地	结构	发育程度	结持性	新生体丰度	新生体瘤状结核组成物质	酸碱性
Ap1	0～18	10YR	4	2	多	壤土	团粒状	强	极疏松	无		中性
Ap2	18～25	10YR	4	2	少	黏壤土	片状	强	很坚实	无		中性
Btm	25～63	10YR	3	2	很少	黏土	棱块状	强	坚实	少	铁/锰	中性
Bt	63～130	10YR	3	3	很少	黏土	棱块状	强	坚实	少	铁/锰	中性

表2-36　浅位黏磐肝土（明西街道东潘村）土壤容重与质地

剖面层次	容重（g/cm³）	机械组成（%）				土壤质地
		0.002mm以下	0.002～0.02mm	0.02～0.2mm	0.2～2mm	
Ap1	1.37	28.2	47.2	22.5	2.1	粉砂质黏土
Ap2	1.59	40.1	36.2	22.8	0.9	壤质黏土
Btm	1.59	32.8	43.8	22.0	1.4	壤质黏土
Bt	1.58	36.9	38.7	22.7	1.7	壤质黏土

表2-37　浅位黏磐肝土（明西街道东潘村）表层土壤水稳性大团聚体分析（%）

样品类型	水稳性大团聚体1（0.25mm以下）	水稳性大团聚体2（0.25～0.5mm）	水稳性大团聚体3（0.5～1mm）	水稳性大团聚体4（1～2mm）	水稳性大团聚体5（2～3mm）	水稳性大团聚体6（3～5mm）	水稳性大团聚体7（5mm以上）	水稳性大团聚体总和
水稳性大团聚体样品	21.5	10.8	12.5	9	2.5	4.9	38.9	21.5

表2-38　浅位黏磐肝土（明西街道东潘村）土壤交换性养分含量

剖面层次	含水量（%）	pH	交换性酸总量［cmol(H⁺+1/3Al³⁺)/kg］	交换性氢离子［cmol(H⁺)/kg］	交换性铝离子［cmol(1/3Al³⁺)/kg］	阳离子交换量［cmol(+)/kg］
Ap1	2.7	4.89	3.21	2.43	0.78	16.15
Ap2	4.7	7.37	<0.10	<0.10	<0.10	34.33
Btm	3.6	8.17	<0.10	<0.10	<0.10	26.61
Bt	3.7	8.10	<0.10	<0.10	<0.10	20.51

剖面层次	交换性盐基总量［cmol(+)/kg］	交换性钙［cmol(+)/kg］	交换性镁［cmol(+)/kg］	交换性钠［cmol(+)/kg］	交换性钾［cmol(+)/kg］	水溶性盐总量（g/kg）	电导率（mS/cm）
Ap1	9.62	5.78	2.62	0.61	0.61	0.32	0.09
Ap2	30.9	21.0	6.82	0.65	0.51	0.27	0.02
Btm	18.3	14.4	3.02	0.48	0.37	0.26	0.06
Bt	13.9	11.5	1.28	0.57	0.55	0.37	0.09

表2-39　浅位黏磐肝土（明西街道东潘村）水溶性养分含量

剖面层次	水溶性钠离子［cmol(Na⁺)/kg］	水溶性钾离子［cmol(K⁺)/kg］	水溶性钙离子［cmol(1/2Ca²⁺)/kg］	水溶性镁离子［cmol(1/2Mg²⁺)/kg］
Ap1	0.039	0.031	0.34	0.10
Ap2	0.034	0.004	0.22	0.01
Btm	0.195	0.004	0.15	0.01
Bt	0.341	0.005	0.13	0.01

剖面层次	水溶性碳酸根［cmol(1/2CO₃²⁻)/kg］	水溶性碳酸氢根［cmol(HCO₃⁻)/kg］	水溶性硫酸根［cmol(1/2SO₄²⁻)/kg］	水溶性氯离子［cmol(Cl⁻)/kg］	离子总量（g/kg）
Ap1	0.04	0.10	0.05	0.06	0.22
Ap2	<0.01	0.08	0.02	0.04	0.13
Btm	<0.01	0.19	0.08	0.07	0.25
Bt	0.04	0.17	0.15	0.12	0.33

表2-40 浅位黏磐肝土（明西街道东潘村）土壤全量养分含量

剖面层次	有机质（g/kg）	碳酸钙（g/kg）	全氮（g/kg）	全磷（g/kg）	全钾（g/kg）	全硫（g/kg）	全硼（mg/kg）	全铁（mg/kg）
Ap1	26.1	5	1.560	0.58	20.4	0.07	49.78	2.74×10^4
Ap2	8.36	4	0.604	0.27	21.3	0.05	47.72	3.09×10^4
Btm	4.28	3	0.302	0.38	22.5	0.03	43.27	3.19×10^4
Bt	3.66	5	0.288	0.45	22.8	0.04	44.33	2.76×10^4

剖面层次	全锰（mg/kg）	全铜（mg/kg）	全锌（mg/kg）	全钼（mg/kg）	全铝（%）	全硅（%）	全钙（%）	全镁（%）
Ap1	456	23.9	44.6	0.627	6.57	40.1	0.69	0.65
Ap2	487	19.2	52.3	0.480	8.47	34.9	0.79	0.82
Btm	587	26.0	48.2	0.416	7.14	40.3	0.71	0.79
Bt	501	23.2	42.5	0.543	7.43	39.7	0.88	0.88

表2-41 浅位黏磐肝土（明西街道东潘村）土壤有效养分含量

剖面层次	有效磷（mg/kg）	缓效钾（mg/kg）	速效钾（mg/kg）	有效硫（mg/kg）	有效硅（mg/kg）	有效铁（mg/kg）
Ap1	33.5	761	184	20.8	32.0	44.1
Ap2	1.5	768	173	19.4	7.3	18.8
Btm	0.5	736	176	2.8	1.2	0.6
Bt	1.0	729	176	9.1	0.8	0.4

剖面层次	有效锰（mg/kg）	有效铜（mg/kg）	有效锌（mg/kg）	有效硼（mg/kg）	有效钼（mg/kg）	Fe_2O_3及游离铁（g/kg）
Ap1	0.70	0.32	0.19	0.04	18.41	33.5
Ap2	1.56	0.23	0.13	0.06	19.58	1.5
Btm	0.16	0.04	0.04	0.05	17.50	0.5
Bt	0.13	0.02	0.05	0.05	18.41	1.0

2.4.4 生产性能综述 该土种常年种植小麦、大豆，一年两熟，当季作物为大豆。常年作物产量水平，小麦为11 250kg/hm²，大豆为1 950kg/hm²；小麦秸秆还田率70%，大豆秸秆还田率10%，还田年限为10年；小麦季施用复合肥和尿素，大豆季施用复合肥。该土种地处丘陵坡地，由下蜀黄土母质发育而成，土壤发育较好，土层深厚，磷钾含量高，耕性差，有黏磐层，耕作层质地黏重，适耕期2～3d。土壤水、气、热不协调，肥力低，雨季易滞水，溃苗发黄，植物根系下扎难，不易起苗，僵苗现象明显，后发性也差，施肥见效明显，作物生长不良。土壤保肥性能好，肥力平缓。适种范围较广，小麦、花生、甘薯、豆类、玉米等均可种植。该土种利用时应加深耕作层，重施有机肥料，不断地熟化耕作层，提高土壤有机质含量，搞好防旱工作。在水源好的地点，可改种水稻。

2.5 深位黏磐黏马肝土

2.5.1 归属与分布 二普的土种名称为下位黏磐黄棕壤。土壤发生学分类：黄褐土土类，黏磐黄褐土亚类，黄土质黏磐黄褐土土属，深位黏磐黏马肝土土种。中国土壤系统分类：淋溶土土纲，湿润淋溶土亚纲，黏磐湿润淋溶土土类，普通黏磐湿润淋溶土亚类。该土主要分布在桥头镇和涧溪镇，地处起伏较大的岗坡处，海拔20～40m，面积339.83hm²，多为耕地及林业用地。

2.5.2 主要性状 该土种母质为黄土状物质（次生黄土），土壤剖面为A-Bt-Btm型，具有均质黄土层、黏磐层和网纹层，黏磐层出现在50cm以下，土壤颜色以黄棕色为主，壤质黏土至黏土。二普的表土层厚度平均4.8cm，最大7cm，最小4cm；黏化层厚度平均26cm，最大30cm，最小20cm；黏磐层厚度平均39cm，最大60cm，最小16cm。深位黏磐黏马肝土养分含量稍低于黏马肝土，但土体发育比黏马肝土好。二普的表层农化样统计，耕作层的土壤有机质含量8.00g/kg、全氮0.63g/kg、有效磷7mg/kg、速效钾107mg/kg，物理性黏粒含量约为55%。

三普的3个表层土壤农化样分析结果统计显示：土壤耕作层厚度19.3cm，土壤pH5.6，土壤有机质含量16.73g/kg、全氮1.11g/kg、有效磷34.13mg/kg、速效钾161.67mg/kg，阳离子交换量31.29cmol(+)/kg，土壤容重1.25g/cm³。

2.5.3 典型剖面 采自明光市魏岗乡花张村正西，采样时间为1984年3月4日，母质为黄土状物质（次生黄土）。土壤剖面性状如表2-42所示。

Ap层，耕作层：0～6cm，浅棕黄色，质地重壤土，小块状结构，土质稍紧，有少量铁锰结核，pH 6.5。

AB层，过渡层：6～21cm，棕黄色，质地黏土，块状结构，土质稍紧，有少量铁锰结核，pH 6.5。

Bt层，黏化层：21～53cm，黄棕色，质地黏土，棱块状结构，土质紧实，有铁锰结核，pH 6.3。

Btm层，黏磐层：53～109cm，棕黄色，质地黏土，棱柱状结构，土质极紧，有少量铁锰结核，pH 6.7。

2.5.4 生产性能综述 该土种土体深厚，养分含量较高，保水保肥性好。目前主要为旱耕地及林地，存在的主要问题是质地黏重、通透性能差、适耕期短、耕性不良、水土流失严重。适宜种植玉米、高粱、大豆等作物，今后在改良利用方面，重点放在改良土壤质地和防止水土流失上。在耕作上，可采取多中耕和深松、深翻，增强土壤通透性，协调水、肥、气、热间的关系。

表2-42 深位黏磐黏马肝土土壤剖面形态学信息

剖面层次	取样深度（cm）	颜色	土壤质地	结构	结持性	新生体丰度	新生体结核组成物质	酸碱性
Ap	0～6	浅棕黄色	重壤土	小块状	稍紧	少	铁/锰	中性
AB	6～21	棕黄色	黏土	块状	稍紧	少	铁/锰	中性
Bt	21～53	黄棕色	黏土	棱块状	紧实	中等	铁/锰	中性
Btm	53～109	棕黄色	黏土	棱柱状	极紧	少	铁/锰	中性

2.6 浅位黏磐黄白土

2.6.1 归属与分布 二普的土种名称为上位黏磐黄白土、上位黏磐灰白土。土壤发生学分类：黄褐土土类，黏磐黄褐土亚类，黄土质黏磐黄褐土土属，浅位黏磐黄白土土种。中国土壤系统分类：淋溶土土纲，湿润淋溶土亚纲，漂白湿润淋溶土土类，结核漂白湿润淋溶土亚类。主要分布于潘村镇、古沛镇、苏巷镇、石坝镇和涧溪镇等乡镇，地处较为平缓有倾斜的岗地上，海拔20～50m，群众称为油白土，面积31 452.43hm²，为耕种旱地。

2.6.2 主要性状 土种母质为下蜀黄土，土壤剖面为Ap1–Ap2–Btm–Bt型，黏磐层出现在30～50cm处，呈黄棕色或褐棕色，有大量的铁锰结核、胶膜及网纹出现，呈灰白色，其下为均质的黄土层，深度在1m以下，黏壤土。受黏磐层影响，土体透水性差，表土层有轻度的侧渗和白土化现象，土壤颜色以黄白色为主，粉砂质壤土或黏壤土。

浅位黏磐黄白土划分依据：耕作层质地中壤土，暗灰色，有机质含量1.5g/kg以上，黏磐层出现在50cm以上。耕作层厚度平均15.5cm，最大16cm，最小14cm；犁底层厚度平均8.4cm，最大11cm，最小6cm；黏磐层厚度平均24.3cm，最大35cm，最小16cm；黏化层厚度平均27.7cm，最大35cm，最小11cm。耕作层质地中壤，团粒或团块状结构。厚度一般在15cm以上，压实层发育适中，黏磐层多出现在40cm左右，对作物根系下伸有一定的影响。土壤剖面层次清晰，土体中有少量铁锰结核，似绿豆大小，圆滑无光泽，心土层结构面上有较厚的胶膜，有光泽，呈微酸到中性反应，pH 6.0～7.0。二普的浅位黏磐黄白土耕作层的土壤有机质含量15.2g/kg、全氮1.1g/kg、有效磷7mg/kg、速效钾218mg/kg，土壤容重1.30g/cm³。

三普的38个表层土壤农化样分析结果统计显示：土壤耕作层厚度19.7cm，土壤pH 5.2，土壤有机质含量16.88g/kg、全氮1.02g/kg、有效磷30.40mg/kg、速效钾157.77mg/kg，阳离子交换量23.81cmol(+)/kg，土壤容重1.26g/cm³。

2.6.3 典型剖面

（1）浅位黏磐黄白土（二普的上位黏磐黄白土）采自明光市高王乡西北100m处，采样时间为1983年12月27日，母质为黄土状物质（次生黄土）。土壤剖面性状如表2–43所示。

Ap1层，耕作层：0～13cm，棕黄色，质地中壤土，屑粒状结构，土质疏松，有中量铁锰结核，pH 6.5。

Ap2层，犁底层：13～23cm，灰黄棕色，质地中壤土，小块状结构，土质紧实，有少量铁锰结核，pH 6.7。

Btm层，黏磐层：23～61cm，暗黄棕色，质地黏土，棱柱状结构，土质紧实，有少量铁锰结核，pH 7.0。

Bt层，黏化层：61～85cm，灰棕色，质地黏土，棱块状结构，土质紧实，有中量铁锰结核，pH 7.0。

C层，母质层：85～126cm，黄棕色，质地黏土，棱块状结构，土质紧实，有铁锰结核，pH 7.2。

表2-43　浅位黏磐黄白土土壤剖面形态学信息

剖面层次	取样深度（cm）	颜色	土壤质地	结构	结持性	新生体丰度	新生体结核组成物质	酸碱性
Ap1	0～13	棕黄色	中壤土	屑粒状	疏松	中等	铁/锰	中性
Ap2	13～23	灰黄棕色	中壤土	小块状	紧实	少	铁/锰	中性
Btm	23～61	暗黄棕色	黏土	棱柱状	紧实	少	铁/锰	中性
Bt	61～85	灰棕色	黏土	棱块状	紧实	中	铁/锰	中性
C	85～126	黄棕色	黏土	棱块状	紧实	少	铁/锰	中性

（2）浅位黏磐黄白土（二普的上位黏磐黄白土）采自明光市城郊乡花园东北处，采样时间为1981年7月29日，母质为黄土状物质（次生黄土）。土壤剖面性状如表2-44至表2-46所示。

Ap1层，耕作层：0～14cm，浅黄灰色，质地中壤土，团粒状结构，土质疏松，有少量铁锰结核。

Ap2层，犁底层：14～23cm，黄灰色，质地中壤土，小块状结构，土质紧实，有少量铁锰结核。

Btm层，黏磐层：23～67cm，灰棕黄色，质地黏土，棱柱状结构，土质紧实，有少量铁锰结核和胶膜。

Bt层，黏化层：67～104cm，暗黄棕色，质地黏土，棱柱状结构，土质极紧，有铁锰结核和较多的胶膜。

表2-44　浅位黏磐黄白土土壤剖面形态学信息

剖面层次	取样深度（cm）	颜色	土壤质地	结构	结持性	新生体丰度	新生体结核组成物质
Ap1	0～14	浅黄灰色	中壤土	团粒状	疏松	少	铁/锰
Ap2	14～23	黄灰色	中壤土	小块状	紧实	少	铁/锰
Btm	23～67	灰黄棕色	黏土	棱柱状	紧实	少	铁/锰
Bt	67～104	暗黄棕色	黏土	棱柱状	极紧	中等	铁/锰

表2-45　浅位黏磐黄白土土壤化学性状

剖面层次	有机质（g/kg）	全氮（g/kg）	有效磷（mg/kg）	速效钾（mg/kg）	全磷（g/kg）	全钾（g/kg）	pH	容重（g/cm³）	阳离子交换量［cmol(+)/kg］
Ap1	14.5	1.14	6	168	0.24	1.19	6.2	1.30	18.8
Ap2	0.8	0.78	4	163	0.24	1.27	6.0	1.48	22.1
Btm	4.7	0.58	1	133	0.22	1.66	6.8		32.3
Bt	5.2	0.46	1	133	0.16	1.82	7.2		28.8

表2-46　浅位黏磐黄白土土壤物理性状（%）

剖面层次	物理性黏粒 <0.01mm	物理性砂粒 >0.01mm	机械组成					土壤质地
			0.05~1.0mm	0.01~0.05mm	0.005~0.01mm	0.001~0.005mm	0.001mm以下	
Ap1	33.47	66.53	6.07	60.49	10.88	16.36	6.23	中壤土
Ap2	35.65	64.35	8.44	55.91	14.13	15.43	6.12	中壤土
Btm	48.31	51.69	5.43	46.29	19.41	20.38	8.52	重壤土
Bt	63.79	36.21	7.93	28.28	30.62	12.44	20.73	轻黏土

2.6.4　生产性能综述　耕作层含有较多的粉粒、砂粒，耕性好，通透性强，保水保肥，适耕期长，一般在7d以上，出苗快，而且整齐、早发性好，但在作物生长后期土壤本身肥力跟不上，有轻度早衰现象。施肥见效快，施用宜"少吃多餐"，化肥要勤追深埋。浅位黏磐黄白土黏磐层出现部位高，对作物根系下伸有一定影响，种茶树、栽杉木生长都很差，形成小老树。耕作层水分散失快，播种后遇雨有轻度闷苗现象，暴晒后土体干裂，不利于小苗生长。利用率较高，一般为一年两熟或两年三熟，很少闲田，主要种植小麦、棉花、豆类等。正常小麦产量6 000kg/hm²左右，属中等肥力水平的土壤类型，应加深耕作层，增施有机肥料，改良土壤结构，提高单位产量。

该土种养分含量较高，肥劲长，早春回暖快，出苗早、齐，适种作物广泛，发小苗也发老苗，全生育期肥劲较稳，结实率高，是旱地土壤中较好的土种之一。

2.7　表层轻砾肝土

2.7.1　归属与分布　二普的土种名称为夹砾马肝土。土壤发生学分类：黄褐土土类，黏磐黄褐土亚类，黄土质黏磐黄褐土土属，表层轻砾肝土土种。中国土壤系统分类：淋溶土土纲，湿润淋溶土亚纲，黏磐湿润淋溶土土类，普通黏磐湿润淋溶土亚类。主要分布在涧溪镇、张八岭镇、石坝镇和桥头镇等乡镇，地处丘陵的下部与岗地交界处，海拔50~100m，面积2 068.07hm²，为耕种旱地。

2.7.2　主要性状　该土种母质为下蜀黄土，土壤剖面为Ap1-Ap2-Bt-C型。黏磐层出现在50cm以上，壤质黏土至黏土。因受岩石风化物侵入的影响，表层砾石含量大于5%，其他同浅位黏磐肝土。二普的调查结果：耕作层厚度平均12.1cm；有机质含量平均12.8g/kg，最大15.5g/kg，最小12.0g/kg；全氮含量平均1.08g/kg，最大1.12g/kg，最小1.07g/kg；有效磷含量平均8mg/kg，最大21mg/kg，最小4mg/kg；速效钾含量平均154mg/kg，最大176mg/kg，最小83mg/kg。耕作层物理性黏粒含量在45%左右。

三普的10个表层土壤农化样分析结果统计显示：土壤耕作层厚度19.8cm，土壤pH 5.0，土壤有机质含量19.55g/kg、全氮1.20g/kg、有效磷50.54mg/kg、速效钾198.41mg/kg，阳离子交换量22.81cmol(+)/kg，土壤容重1.25g/cm³。

2.7.3 典型剖面 采自明光市桥头乡后咀村西南处，采样时间为1981年11月29日，母质为黄土状物质（次生黄土）。土壤剖面性状如表2-47所示。

Ap1层，耕作层：0～12cm，浅黄灰色，质地重壤土，小块状结构，土质稍紧，有石砾侵入体，pH 6.2。

Ap2层，犁底层：12～22cm，灰黄色，质地黏土，块状结构，土质稍紧，有石砾侵入体，pH 6.0。

Bt层，黏化层：22～57cm，黄棕色，质地黏土，棱块状结构，土质紧实，有铁锰结核，pH 7.0。

C层，母质层：57～83cm，棕黄色，质地黏土，棱柱状结构，土质极紧，有铁锰结核和胶膜，pH 7.0。

表2-47 表层轻砾肝土土壤剖面形态学信息

剖面层次	取样深度（cm）	颜色	土壤质地	结构	结持性	新生体丰度	新生体结核组成物质	酸碱性
Ap1	0～12	浅黄灰色	重壤土	小块状	稍紧	少	铁/锰	中性
Ap2	12～22	灰黄色	黏土	块状	稍紧	少	铁/锰	中性
Bt	22～57	黄棕色	黏土	棱块状	紧实	中等	铁/锰	中性
C	57～83	棕黄色	黏土	棱柱状	极紧	少	铁/锰	中性

2.7.4 生产性能综述 表层轻砾肝土耕作层质地为重壤土，适耕期一般，较易耕耙，土壤通透性一般，保水保肥性尚好，供肥性能尚可。今后应加强水土保持，加深耕作层，不断熟化土壤。此土适种范围较为广泛，小麦、花生、豆类、玉米等均可种植。

2.8 表暗肝土

2.8.1 归属与分布 二普的土种名称为暗色马肝土。土壤发生学分类：黄褐土土类，黏磐黄褐土亚类，黄土质黏磐黄褐土土属，表暗肝土土种。中国土壤系统分类：淋溶土土纲，湿润淋溶土亚纲，黏磐湿润淋溶土土类，普通黏磐湿润淋溶土亚类。该土主要分布在涧溪镇，地处丘岗交界的缓坡地，海拔50～100m，面积170.66hm^2，为耕种旱地。

2.8.2 主要性状 该土种是下蜀黄土与基性岩坡积物共同发育而成，土壤剖面为Ap1-Ap2-Bt-C型，表层有厚度小于15cm的玄武岩基性岩风化的坡积物，土体颜色以暗灰为主，屑粒状结构，耕性和抗逆性较肝土好，黏壤土至黏土，其他性状同浅位黏磐肝土。

二普的表暗肝土耕作层有机质含量平均12.7g/kg（最大13.30g/kg、最小7.30g/kg），全氮含量平均1.07g/kg，有效磷含量平均4mg/kg，速效钾含量平均156mg/kg。三普的2个表层土壤农化样分析结果统计显示：土壤耕作层厚度20.0cm，土壤pH 4.9，土壤有机质含量28.85g/kg、全氮1.80g/kg、有效磷24.10mg/kg、速效钾184.00mg/kg，阳离子交换量25.54cmol(+)/kg，土壤容重1.22g/cm^3。

2.8.3 **典型剖面** 采自明光市官山乡陆圩村正东50m处，采样时间为1984年6月12日，母质为黄土状物质（次生黄土）。土壤剖面性状如表2-48至表2-50所示。

Ap1层，耕作层：0～14cm，暗灰色，质地黏土，小块状结构，土质疏松，有少量铁锰结核，pH 6.5。

Ap2层，犁底层：14～24cm，暗棕色，质地黏土，块状结构，土质紧实，有少量铁锰结核，pH 6.2。

Bt层，黏化层：24～85cm，灰褐色，质地黏土，棱柱状结构，土质紧实，有少量铁锰结核，pH 6.3。

C层，母质层：85～110cm，灰黄色，质地黏土，棱块状结构，土质紧实，有少量铁锰结核，pH 6.5。

表2-48 表暗肝土土壤剖面形态学信息

剖面层次	取样深度（cm）	颜色	土壤质地	结构	结持性	新生体丰度	新生体结核组成物质	酸碱性
Ap1	0～14	暗灰色	黏土	小块状	疏松	少	铁/锰	中性
Ap2	14～24	暗棕色	黏土	块状	紧实	少	铁/锰	中性
Bt	24～85	灰褐色	黏土	棱柱状	紧实	少	铁/锰	中性
C	85～110	灰黄色	黏土	棱块状	紧实	少	铁/锰	中性

表2-49 表暗肝土土壤化学性状

剖面层次	有机质（g/kg）	全氮（g/kg）	有效磷（mg/kg）	速效钾（mg/kg）	全磷（g/kg）	全钾（g/kg）	pH	容重（g/cm³）	阳离子交换量[cmol(+)/kg]
Ap1	12.7	0.83	5	150	0.51	14.9	6.8	1.27	33.1
Ap2	6.1	0.53	2	102	0.36	15.6	7.4	1.44	34.3
Bt	3.1	0.45	1	100	0.31	16.2	7.5		34.7

表2-50 表暗肝土土壤物理性状（%）

剖面层次	物理性黏粒<0.01mm	物理性砂粒>0.01mm	机械组成					土壤质地
			0.05～1.0mm	0.01～0.05mm	0.005～0.01mm	0.001～0.005mm	0.001mm以下	
Ap1	61.68	38.32	6.12	32.20	11.59	23.08	27.01	轻黏土
Ap2	65.91	34.59	6.06	28.53	10.24	25.26	29.91	轻黏土
Bt	63.27	36.73	4.65	32.08	1.73	31.64	29.90	轻黏土

2.8.4 **生产性能综述** 表暗肝土肥力较高，是旱地土壤中较好的土种之一。适种作物广，小麦、玉米、甘薯、豆类等均可种植，尤其小麦、玉米长势好，小麦产量可达7 500kg/hm²以上，生产上应增施有机肥，保持地力。

2.9 舒城白黄土

2.9.1 归属与分布 由二普的下位黏磐黄白土和下位黏磐灰白土归并而成。土壤发生学分类：黄褐土土类，白浆化黄褐土亚类，黄土质白浆化黄褐土土属，舒城白黄土土种。中国土壤系统分类：淋溶土土纲，湿润淋溶土亚纲，漂白湿润淋溶土土类，结核漂白湿润淋溶土亚类。主要分布在涧溪镇、明西街道和柳巷镇等乡镇（街道），地处起伏较小的缓坡地或岗塝之间的平畈区，海拔20～45m，群众称"黄白土"，面积179.70hm²，为耕种旱地。

2.9.2 主要性状 该土种母质为下蜀黄土，土壤剖面为Ap1-Ap2-Bt-Btm型。黏磐层出现在50cm以下，呈黄棕色或褐棕色，块状或棱块状结构，有铁锰结核和胶膜网纹，质地为壤质黏土。耕作层、犁底层受地表径流漂洗，土色变浅，呈黄白色或淡黄色，质地为黏壤土至粉砂质黏壤土；自表层往下土壤颜色逐渐变深，质地逐渐变重。

二普的调查结果显示：耕作层厚度平均14.5cm、犁底层10cm、黏化层42.8cm、黏磐层44.2cm，耕作层有机质含量平均12.4g/kg、全氮0.85g/kg、有效磷13mg/kg、速效钾172mg/kg，土壤容重1.37g/cm³。

三普的4个表层土壤农化样分析结果统计显示：土壤耕作层厚度16.7cm，土壤pH 6.0，土壤有机质含量15.37g/kg、全氮0.88g/kg、有效磷17.53mg/kg、速效钾175.00mg/kg，阳离子交换量29.02cmol(+)/kg，土壤容重1.29g/cm³。

2.9.3 典型剖面

（1）舒城白黄土（二普的下位黏磐黄白土）剖面采自明光市魏岗乡严庄村西北处，采样时间为1984年3月7日，母质为黄土状物质（次生黄土）。土壤剖面性状如表2-51至表2-53所示。

Ap1层，耕作层：0～14cm，浅灰黄色，质地中壤土，屑粒状结构，土质疏松，有少量铁锰结核。

Ap2层，犁底层：14～20cm，黄灰色，质地中壤土，小块状结构，土质紧实，有少量铁锰结核。

Bt层，黏化层：20～58cm，棕黄色，质地黏土，棱块状结构，土质紧实，有少量铁锰结核。

Btm层，黏磐层：58～102cm，暗棕黄色，质地黏土，棱柱状结构，土质极紧，有中量铁锰结核和少量胶膜。

表2-51 舒城白黄土土壤剖面形态学信息

剖面层次	取样深度（cm）	颜色	土壤质地	结构	结持性	新生体丰度	新生体结核组成物质
Ap1	0～14	浅灰黄色	中壤土	屑粒状	疏松	少	铁/锰
Ap2	14～20	黄灰色	中壤土	小块状	紧实	少	铁/锰
Bt	20～58	棕黄色	黏土	棱块状	紧实	少	铁/锰
Btm	58～102	暗棕黄色	黏土	棱柱状	极紧	中等	铁/锰

表2-52 舒城白黄土土壤化学性状

剖面层次	有机质（g/kg）	全氮（g/kg）	有效磷（mg/kg）	速效钾（mg/kg）	全磷（g/kg）	全钾（g/kg）	pH	容重（g/cm³）	阳离子交换量[cmol(+)/kg]
Ap1	12.2	1.04	12	216	0.47	15.0	6.1	1.37	20.0
Ap2	10.8	0.92	7	168	0.35	16.2	6.5	1.52	24.7
Bt	5.4	0.51	2	132	0.22	17.6	7.0		28.6
Btm	3.3	0.40	4	124	0.37	9.0	7.1		29.4

表2-53 舒城白黄土土壤物理性状（%）

剖面层次	物理性黏粒<0.01mm	物理性砂粒>0.01mm	机械组成					土壤质地
			0.05～1.0mm	0.01～0.05mm	0.005～0.01mm	0.001～0.005mm	0.001mm以下	
Ap1	35.18	64.82	6.70	58.12	13.95	17.33	3.85	中壤土
Ap2	35.42	64.58	11.74	52.84	13.68	17.53	4.21	中壤土
Bt	63.98	36.02	4.72	31.30	12.84	8.66	42.48	轻黏土
Btm	64.57	35.43	5.43	30.00	12.68	7.80	44.09	轻黏土

（2）舒城白黄土（二普的下位黏磐灰白土）剖面采自明光市津里乡王郢村东南处，采样时间为1983年12月9日，母质为黄土状物质（次生黄土）。土壤剖面性状如表2-54所示。

Ap1层，耕作层：0～15cm，暗灰色，质地中壤土，团粒状结构，土质疏松，有砖块瓦片侵入和少量铁锰结核，pH 6.2。

Ap2层，犁底层：15～26cm，黄灰色，质地中壤土，小块状结构，土质稍紧，有少量铁锰结核，pH 6.4。

Bt层，黏化层：26～52cm，棕灰色，质地重壤土，棱块状结构，土质紧实，有少量铁锰结核，pH 6.4。

Btm层，黏磐层：52～80cm，灰黄棕色，质地黏土，棱柱状结构，土质紧实，有少量铁锰结核和胶膜，pH 6.5。

C层，母质层：80～110cm，棕黄色，质地黏土，棱柱状结构，土质紧实，有少量铁锰结核和胶膜，pH 7.0。

表2-54 舒城白黄土土壤剖面形态学信息

剖面层次	取样深度（cm）	颜色	土壤质地	结构	结持性	新生体丰度	新生体结核组成物质
Ap1	0～15	暗灰色	中壤土	团粒状	疏松	少	铁/锰
Ap2	15～26	黄灰色	中壤土	小块状	稍紧	少	铁/锰
Bt	26～52	棕灰色	重壤土	棱块状	紧实	少	铁/锰
Btm	52～80	灰黄棕色	黏土	棱柱状	紧实	少	铁/锰
C	80～110	棕黄色	黏土	棱柱状	紧实	少	铁/锰

2.9.4 生产性能综述 该土易耕耙，没有坷垃，适耕期长，一般6～7d，雨后2～3d即可耕作，抗旱能力较浅位黏磐黄白土强，旱情严重时也开裂，裂缝较深，裂度较小。肥力中等，作物长势较稳定。适种作物品种广，可种小麦、杂粮、油菜、玉米等。正常两年三熟，常年作物产量水平，小麦约为6 000kg/hm²，杂粮约为3 000kg/hm²。今后应注意用养结合，有机肥与无机肥配合使用，应搞好培肥改土工作，以维持与提高土壤肥力。

2.10 夏岗白黄土

2.10.1 归属与分布 由二普的上位黏磐白土、下位黏磐白土和黏磐核白土归并而成。土壤发生学分类：黄褐土土类，白浆化黄褐土亚类，黄土质白浆化黄褐土土属，夏岗白黄土土种。中国土壤系统分类：淋溶土土纲，湿润淋溶土亚纲，漂白湿润淋溶土土类，结核漂白湿润淋溶土亚类。该土主要分布在石坝镇、潘村镇和涧溪镇等乡镇，地处平缓岗地，海拔30m左右，群众称"灰白土""白土"，面积246.16hm²，为耕种旱地。

2.10.2 主要性状 该土种母质为黄土状物质（次生黄土），土壤剖面为Ap1-Ap2-B型，土体中低价铁锰和黏粒随水向下或侧向移动，在30cm的土层中形成白色漂洗层，质地上轻下重。耕作层较厚，浅黄灰色，屑粒状结构，粉砂质壤土；出现在50cm以下有黏重紧实的黏磐层，棱柱状结构，有大量连续胶膜和铁锰结核，黏土；过渡层质地不一，厚度40cm左右，黏壤土至壤质黏土，有少量不连续胶膜，未形成黏磐。各层次间界限清楚，过渡明显。

三普的11个表层土壤农化样分析结果统计显示：土壤耕作层厚度20.0cm，土壤pH 5.4，土壤有机质含量17.08g/kg、全氮0.99g/kg、有效磷24.82mg/kg、速效钾141.48mg/kg，阳离子交换量21.56cmol(+)/kg，土壤容重1.27g/cm³。

2.10.3 典型剖面

（1）夏岗白黄土（二普的上位黏磐白土）剖面采自明光市魏岗乡上苗村西北300m处，采样时间为1984年6月20日，母质为黄土状物质（次生黄土）。土壤剖面性状如表2-55所示。

Ap1层，耕作层：0～14cm，浅黄灰色，质地轻壤土，屑粒状结构，土质疏松，有少量铁锰结核，pH 6.1。

Ap2层，犁底层：14～26cm，黄灰色，质地中壤土，小块状结构，土质紧实，有少量铁锰结核，pH 6.2。

Btm层，黏磐层：26～75cm，黄棕色，质地黏土，棱柱状结构，土质紧实，有少量铁锰结核，pH 6.0。

C层，母质层：75～110cm，灰棕色，质地黏土，棱柱状结构，土质紧实，有少量铁锰结核和胶膜，pH 7.0。

表2-55　夏岗白黄土（魏岗乡上苗村）土壤剖面形态学信息

剖面层次	取样深度（cm）	颜色	土壤质地	结构	结持性	新生体丰度	新生体结核组成物质
Ap1	0～14	浅黄灰色	轻壤土	屑粒状	疏松	少	铁/锰
Ap2	14～26	黄灰色	中壤土	小块状	紧实	少	铁/锰
Btm	26～75	黄棕色	黏土	棱柱状	紧实	少	铁/锰
C	75～110	灰棕色	黏土	棱柱状	紧实	少	铁/锰

（2）夏岗白黄土（二普的下位黏磐白土）剖面采自明光市紫阳乡东吴村东北处，采样时间为1982年9月23日，土壤剖面性状如表2-56至表2-58所示。

Ap1层，耕作层：0～14cm，浅灰白色，质地轻壤土，屑粒状结构，土质稍紧，有少量铁锰结核，pH 6.0。

Ap2层，犁底层：14～25cm，黄灰色，质地中壤土，小块状结构，土质紧实，有少量铁锰结核，pH 6.0。

Bt层，黏化层：25～56cm，黄棕色，质地重壤土，块状结构，土质紧实，有少量铁锰结核，pH 6.5。

Btm层，黏磐层：56～105cm，暗黄棕色，质地黏土，棱块状结构，土质紧实，有少量铁锰结核和胶膜，pH 7.5。

表2-56　夏岗白黄土（紫阳乡东吴村）土壤剖面形态学信息

剖面层次	取样深度（cm）	颜色	土壤质地	结构	结持性	新生体丰度	新生体结核组成物质	酸碱性
Ap1	0～14	浅灰白色	轻壤土	屑粒状	稍紧	少	铁/锰	微酸性
Ap2	14～25	黄灰色	中壤土	小块状	紧实	少	铁/锰	微酸性
Bt	25～56	黄棕色	重壤土	块状	紧实	少	铁/锰	中性
Btm	56～105	暗黄棕色	黏土	棱块状	紧实	少	铁/锰	中性

表2-57　夏岗白黄土（紫阳乡东吴村）土壤化学性状

剖面层次	有机质（g/kg）	全氮（g/kg）	有效磷（mg/kg）	速效钾（mg/kg）	全磷（g/kg）	全钾（g/kg）	pH	容重（g/cm³）	阳离子交换量[cmol(+)/kg]
Ap1	11.2	0.75	7	139	0.23	11.2	6.7	1.36	8.9
Ap2	7.2	0.65	3	108	0.23	12.2	6.8	1.41	14.2
Bt	3.6	0.40	1	137	0.18	17.1	6.4		31.0
Btm	3.2	0.39	1	134	0.19	18.1	6.9		30.1

表2-58 夏岗白黄土（紫阳乡东吴村）土壤物理性状（%）

剖面层次	物理性黏粒 <0.01mm	物理性砂粒 >0.01mm	机械组成					土壤质地
			0.05～1.0mm	0.01～0.05mm	0.005～0.01mm	0.001～0.005mm	0.001mm以下	
Ap1	24.36	75.36	22.47	44.44	6.50	3.86	14.00	轻壤土
Ap2	30.79	69.21	7.91	61.30	10.55	5.84	14.40	中壤土
Bt	47.08	52.92	6.40	46.52	18.70	20.30	8.08	重壤土
Btm	61.34	38.66	6.48	32.18	34.94	18.29	8.08	轻黏土

（3）夏岗白黄土（二普的黏磐核白土）剖面采自明光市魏岗乡花张村东南处，采样时间为1984年3月8日，母质为黄土状物质（次生黄土）。土壤剖面性状如表2-59至表2-61所示。

Ap1层，耕作层：0～14cm，浅黄灰色，质地轻壤土，屑粒状结构，有大量铁锰结核，pH 6.2。

Ap2层，犁底层B：14～23cm，棕灰色，质地中壤土，小块状结构，有大量铁锰结核，pH 6.5。

Bt层，黏化层：23～55cm，灰黄色，质地黏土，块状结构，有少量铁锰结核，pH 6.7。

Btm层，黏磐层：55～105cm，灰棕色，质地黏土，棱块状结构，有中量铁锰结核和少量胶膜，pH 6.8。

表2-59 夏岗白黄土（魏岗乡花张村）土壤剖面形态学信息

剖面层次	取样深度（cm）	颜色	土壤质地	结构	新生体丰度	新生体结核组成物质
Ap1	0～14	浅黄灰色	轻壤土	屑粒状	多	铁/锰
Ap2	14～23	棕灰色	中壤土	小块状	多	铁/锰
Bt	23～55	灰黄色	黏土	块状	少	铁/锰
Btm	55～105	灰棕色	黏土	棱块状	中等	铁/锰

表2-60 夏岗白黄土（魏岗乡花张村）土壤化学性状

剖面层次	有机质（g/kg）	全氮（g/kg）	有效磷（mg/kg）	速效钾（mg/kg）	全磷（g/kg）	全钾（g/kg）	pH	容重（g/cm³）	阳离子交换量［cmol(+)/kg］
Ap1	7.0	0.68	4	66	0.26	11.7	6.0	1.31	9.2
Ap2	4.0	0.43	1	134	0.16	11.6	6.0	1.45	18.4
Bt	3.9	0.43	1	137	0.15	16.4	6.7		37.0
Btm	3.3	0.40	1	131	0.08	16.7	6.8		27.8

表2-61 夏岗白黄土（魏岗乡花张村）土壤物理性状（%）

剖面层次	物理性黏粒<0.01mm	物理性砂粒>0.01mm	机械组成					土壤质地
			0.05～1.0mm	0.01～0.05mm	0.005～0.01mm	0.001～0.005mm	0.001mm以下	
Ap1	35.01	71.09	6.56	64.51	23.01	4.48	7.53	轻壤土
Ap2	38.30	61.70	9.17	52.53	23.02	7.74	7.54	中壤土
Bt	62.76	37.24	7.12	30.12	24.84	22.71	15.21	轻黏土
Btm	47.17	53.83	7.86	44.97	21.65	19.52	6.00	重壤土

2.10.4 生产性能综述 该土种耕作层质地轻，雨后易板结，结块闷种卡苗，保肥保水性差，养分缺乏，作物后期常因脱水脱肥而早衰，产量低而不稳。利用改良上应扩种绿肥和豆类，结合增施有机肥、塘泥、秸秆还田和绿肥掩青深耕，合理配施氮、磷、钾肥；逐步完善排灌渠系，改串灌为沟灌、畦灌，以保水土。好耕好耙，容易整平地面，适耕期在8～10d。施肥量少时无反应，施肥量大又"一轰而起"，群众有"施肥少不生效，施肥多猛一冒"的说法。土壤不保肥，肥劲不稳，有轻度闷苗现象。施黏重土杂肥效果较好，施磷肥效果也明显，常年施化肥约750kg/hm^2，施肥方法宜"少吃多餐"。复种指数较低，一般一年一熟，用夏晒垡或冬冻垡来改善土壤结构以培肥地力。今后应搞好保土，防止黏粒流失。耕作层质地为轻壤土，易耕耙，但雨后易板结闷苗，久雨易受渍并结块压犁头，耕不烂，影响出苗。供肥性较强，施肥见效快，尤其氮肥效果明显。作物生长后期有断肥现象，群众称"发小苗，懒老苗"。宜种豆类、花生等，种小麦产量不高。

3 潮 土

潮土属半水成土土纲，淡半水成土亚纲。潮土集中分布在淮河、池河、南沙河两岸，女山湖等湖泊边缘也有少量分布，面积15 662.38hm²，占全市各土类总面积的9.76%。

潮土是河流冲积物或湖泊沉积物母质发育而成的，其形成主要包括两个方面。一是地下水借毛管作用上下运动所引起的土壤氧化还原交替发生的潮化过程。在低水位期间，地下水以上的土壤为氧化层，高水位时全部或部分为水分所饱和而产生的还原过程、变化频繁的氧化还原过程和干湿交替过程，直接影响土壤物质的溶解、积累和沉淀，并在土壤剖面中形成各种色泽的锈纹锈斑或细小的铁锰结核，成为潮土剖面的主要特征。在剖面中同一层的质地和颜色比较均一，在潮化过程中，水分和养分的上下运动及积累有利于作物生长发育的需要。二是人为的旱耕熟化过程，使土壤在物理和化学性质上有明显的差异。

3.1 砂土

3.1.1 归属与分布 二普的土种名称为砂土和青砂土。土壤发生学分类：潮土土类，典型潮土亚类，石灰性潮砂土土属，砂土土种。中国土壤系统分类：雏形土土纲，潮湿雏形土亚纲，淡色潮湿雏形土土类，石灰淡色潮湿雏形土亚类。主要分布在柳巷镇、泊岗乡、潘村镇和女山湖镇等乡镇，地处离淮河较近的河漫滩或洪泛缺口处，海拔0～15m，面积3 189.23hm²，多为耕种旱地。

3.1.2 主要性状 该土种母质为黄泛沉积物，土壤剖面为Ap1-Ap2-Br型，属均质型，单粒状或碎片状结构，全剖面色泽和质地比较均一，呈浅灰黄色，砂质壤土或砂土。因成土年代短，土壤仍较多地保留着母质的特点，其特点是砂、瘦、旱，有强石灰反应和夜潮现象。

二普的调查结果显示：耕作层厚度16.2～17.3cm，质地砂壤土，小块状结构；犁底层厚度10.2cm，粒状结构，不紧实，渗漏性强；氧化还原层（心土层）39.9cm，母质层（底土层）35.9cm。耕作层较厚，犁底层不太紧实，剖面层次较多，过渡明显，氧化还原层有少量锈斑，土壤熟化程度较高。土壤有机质含量8.0g/kg、全氮0.6g/kg、有效磷5mg/kg、速效钾96mg/kg，土壤容重1.21g/cm³，物理性砂粒含量在50%以上，pH 8.0左右。

三普的37个表层土壤农化样分析结果统计显示：土壤耕作层厚度21.9cm，土壤pH 7.4，土壤有机质含量16.33g/kg、全氮0.91g/kg、有效磷20.02mg/kg、速效钾119.27mg/kg，阳离子交换量23.60cmol(+)/kg，土壤容重1.26g/cm³。

3.1.3 典型剖面 该剖面是1983年11月5日采自柳巷乡河北村东北500m处土壤剖

面性状如表3-1所示。

Ap1层，耕作层：0～15cm，浅黄灰色，质地砂壤土，粒状结构，土质松散，有强石灰反应，pH 7.8。

Ap2层，犁底层：15～23cm，棕灰色，质地砂壤土，粒状结构，土质稍紧，有强石灰反应和少量锈斑，pH 8.0。

Br层，氧化还原层：23～99cm，灰棕色，质地砂壤土，粒状结构，土质稍紧，有强石灰反应和少量锈斑，pH 8.2。

3.1.4　生产性能综述
砂土土瘦，缺少黏粒，保水保肥差，耕作层疏松，干湿都可耕。保肥蓄水性能差，漏水漏肥，脱肥现象比较严重。抗逆性差，旱季不耐旱，雨季又因为排水不畅而出现渍害。土壤供肥性能好，施肥见效快，但后劲不足，土壤发小苗而不发老苗，后期断肥明显，作物结实率不高，千粒重轻。农业利用一般麦、豆两熟，近年来有小麦、花生轮作，一般年产小麦6 000～7 500kg/hm²。今后应加强排涝，在施用肥料中注意有机肥和无机肥配合施用，长短效搭配，做到用养结合。

表3-1　砂土土壤化学性状

剖面层次	取样深度（cm）	有机质（g/kg）	全氮（g/kg）	全磷（g/kg）	全钾（g/kg）	有效磷（mg/kg）	速效钾（mg/kg）	pH
Ap1	0～15	3.3	0.28	0.37	20.2	8	30	7.8
Ap2	15～23	3.0	0.28	0.44	22.0	7	20	8.0
Br	23～99	2.6	0.27	0.28	20.3	5	30	8.2

剖面层次	容重（g/cm³）	阳离子交换量[cmol(+)/kg]	机械组成					土壤质地
			0.05～1.0mm	0.01～0.05mm	0.005～0.01mm	0.001～0.005mm	0.001mm以下	
Ap1	1.23	2.2	87.07	7.44	1.61	0	3.88	砂壤土
Ap2	1.40	3.3	83.04	6.44	3.72	1.27	5.53	砂壤土
Br		4.8	62.65	20.07	5.37	0	3.91	砂壤土

3.2　良犁两合土

3.2.1　归属与分布
二普的土种名称为两合土。土壤发生学分类：潮土土类，典型潮土亚类，石灰性潮壤土土属，良犁两合土土种。中国土壤系统分类：雏形土土纲，潮湿雏形土亚纲，淡色潮湿雏形土土类，石灰淡色潮湿雏形土亚类。主要分布在潘村镇、泊岗乡，地处淮河干、支流两侧低阶地，介于砂土和淤土之间，所处地形部位平缓，分布区内砂黏混杂，面积1 638.01hm²，为耕种旱地。

3.2.2　主要性状
该土种母质为黄泛沉积物质，经长期耕种发育而成，剖面为Ap1-Ap2-Br型，土体呈灰暗色，1m土体内多无砂黏夹层，属均质型，黏壤土至粉砂质壤黏土。耕作层为棕色，下层为棕黄色，土壤砂黏适中，发育度较好，压实层薄，下层有少量的锈纹。由于长期耕作且耕作质量良好，故称"良犁两合土"。

三普的38个表层土壤农化样分析结果统计显示：土壤耕作层厚度22.2cm，土壤pH 7.2，土壤有机质含量17.20g/kg、全氮0.98g/kg、有效磷9.04mg/kg、速效钾155.45mg/kg，阳离子交换量24.29cmol(+)/kg，土壤容重1.28g/cm³。

3.2.3 调查剖面

剖面样点位于女山湖镇安淮村，土壤剖面如图3-1所示。发生层数6层，采样时间为2022年8月26日。

植被类型为栽培植物，植物优势种为农作物，土地利用类型为旱地，不是蔬菜用地，不是高标准农田，灌溉保证率100%，排水条件良好，道路工程为生产路，一年两熟，无休耕，无摞荒。轮作制度第二季为春小麦，不存在轮作变更，当季作物为豆类，产量水平小麦为6 000kg/hm²左右、豆类为2 250kg/hm²左右，施肥方式为沟施，还田比例100%，还田年限10年。第一季小麦施肥：基肥复合肥（16-14-15）600kg/hm²，追肥尿素150kg/hm²；第二季豆类施肥：基肥复合肥（15-15-15）225kg/hm²。土壤理化性状如表3-2至表3-8所示。

Ap1层，耕作层：0～19cm，棕色（10YR4/4，润），质地为粉壤土，植物根系中等、细，为草本活根根系，粒状结构、中，发育程度中等，结持性疏松，无新生体斑纹，无矿物瘤状结核，无磐层胶结，无滑擦面，无侵入体，少见土壤动物如蚯蚓，有中度石灰反应，未见亚铁反应，酸碱性为碱性。

Ap2层，犁底层：19～30cm，暗棕色（10YR3/4，润），质地为粉壤土，植物根系少、细，为草本活根根系，棱块状结构、中，发育程度中等，结持性坚实，无新生体斑纹，无矿物瘤状结核，无磐层胶结，无滑擦面，无侵入体，未见土壤动物，有中度石灰反应，未见亚铁反应，酸碱性为碱性。

Br1层，氧化还原层：30～55cm，亮黄棕色（10YR6/6，润），质地为砂壤土，植物根系很少、细，为草本活根根系，棱块状结构、大，发育程度中等，结持性坚实，新生体斑纹很少，斑纹大小中等，位于结构体表面，为铁/锰组成，无新生体胶膜，无矿物瘤状结核，无磐层胶结，无滑擦面，很少贝壳侵入体，未见土壤动物，有强石灰反应，未见亚铁反应，酸碱性为碱性。

Br2层，氧化还原层：55～65cm，黄棕色（10YR5/6，润），质地为粉壤土，植物根系很少、细，为草本活根根系，棱块状结构、大，发育程度中等，结持性很坚实，新生体斑纹很少，斑纹大小中等，位于结构体表面，为铁/锰组成，无新生体胶膜，无矿物瘤状结核，无磐层胶结，无滑擦面，无侵入体，少量土壤动物如蚯蚓，有强石灰反应，未见亚铁反应，酸碱性为碱性。

Br3层，氧化还原层：65～100cm，黄棕色

图3-1　良犁两合土的土壤剖面（女山湖镇安淮村）

（10YR5/8，润），质地为砂壤土，植物根系很少、细，为草本活根根系，棱块状结构、大，发育程度中等，结持性很坚实，新生体斑纹少，斑纹大小中等，位于结构体表面，为铁/锰组成，无矿物瘤状结核，无磐层胶结，无滑擦面，无侵入体，未见土壤动物，有极强石灰反应，未见亚铁反应，酸碱性为碱性。

Br4层，氧化还原层：100～120cm，浊黄棕色（10YR4/3，润），质地为黏壤土，植物根系很少、极细，为草本活根根系，棱块状结构、大，发育程度中等，结持性很坚实，无新生体斑纹，无矿物瘤状结核，无磐层胶结，无滑擦面，无侵入体，未见土壤动物，有极强石灰反应，未见亚铁反应，酸碱性为碱性。

表3-2　良犁两合土（女山湖镇安淮村）土壤剖面形态学信息

剖面层次	取样深度（cm）	野外润态色调	野外润态明度	野外润态彩度	根系丰度	土壤质地	结构	发育程度	结持性	新生体丰度	新生体斑纹组成物质
Ap1	0～19	10YR	4	4	中等	粉壤土	粒状	中等	疏松	无	
Ap2	19～30	10YR	3	4	少	粉壤土	棱块状	中等	坚实	无	
Br1	30～55	10YR	6	6	很少	砂壤土	棱块状	中等	坚实	很少	铁/锰
Br2	55～65	10YR	5	6	很少	粉壤土	棱块状	中等	很坚实	很少	铁/锰
Br3	65～100	10YR	5	8	很少	砂壤土	棱块状	中等	很坚实	少	铁/锰
Br4	100～120	10YR	4	3	很少	黏壤土	棱块状	中等	很坚实	无	

表3-3　良犁两合土（女山湖镇安淮村）土壤容重与质地

剖面层次	容重（g/cm³）				机械组成（%）				土壤质地
	1	2	3	平均	0.002mm以下	0.002～0.02mm	0.02～0.2mm	0.2～2mm	
Ap1	1.24	1.21	1.23	1.22	14.9	28.8	55.9	0.4	砂质壤土
Ap2	1.48	1.47	1.46	1.47	11.3	21.7	66.6	0.4	砂质壤土
Br1	1.50	1.53	1.51	1.51	11.5	25.6	62.7	0.2	砂质壤土
Br2	1.53	1.49	1.46	1.49	20.9	38.0	40.8	0.3	黏壤土
Br3	1.48	1.51	1.54	1.51	7.7	21.6	70.4	0.3	砂质壤土
Br4	1.41	1.50	1.41	1.44	27.8	50.4	21.2	0.6	粉砂质壤土

表3-4　良犁两合土（女山湖镇安淮村）表层土壤水稳性大团聚体含量

水稳性大团聚体直径	质量比例（%）	水稳性大团聚体直径	质量比例（%）
<0.25mm	73.1	2～3mm	0.3
0.25～0.5mm	18.6	3～5mm	0.1
0.5～1mm	6.0	5mm以上	0.3
1～2mm	1.6		

表3–5　良犁两合土（女山湖镇安淮村）土壤交换性养分含量

剖面层次	含水量（%）	pH	交换性酸总量 [cmol(H⁺+1/3Al³⁺)/kg]	交换性氢离子 [cmol(H⁺)/kg]	交换性铝离子 [cmol(1/3Al³⁺)/kg]	阳离子交换量 [cmol(+)/kg]
Ap1	1.0	8.16	<0.10	<0.10	<0.10	14.16
Ap2	1.5	7.99	<0.10	<0.10	<0.10	13.72
Br1	0.9	8.38	<0.10	<0.10	<0.10	11.47
Br2	2.8	8.19	<0.10	<0.10	<0.10	18.77
Br3	0.6	8.39	<0.10	<0.10	<0.10	9.29
Br4	2.4	8.08	<0.10	<0.10	<0.10	22.62

剖面层次	交换性盐基总量 [cmol(+)/kg]	交换性钙 [cmol(+)/kg]	交换性镁 [cmol(+)/kg]	交换性钠 [cmol(+)/kg]	交换性钾 [cmol(+)/kg]	水溶性盐总量（g/kg）	电导率（mS/cm）
Ap1	9.58	7.67	1.02	0.48	0.41	0.39	0.09
Ap2	9.38	7.28	1.14	0.52	0.43	0.39	0.10
Br1	8.85	7.18	0.96	0.39	0.32	0.44	0.11
Br2	13.20	8.67	3.93	0.35	0.22	0.66	0.158
Br3	8.39	5.27	2.20	0.52	0.40	0.44	0.12
Br4	17.20	10.7	5.38	0.63	0.45	0.61	0.13

表3–6　良犁两合土（女山湖镇安淮村）土壤水溶性养分含量

剖面层次	水溶性钠离子 [cmol(Na⁺)/kg]	水溶性钾离子 [cmol(K⁺)/kg]	水溶性钙离子 [cmol(1/2Ca²⁺)/kg]	水溶性镁离子 [cmol(1/2Mg²⁺)/kg]
Ap1	0.031	0.027	0.55	0.04
Ap2	0.033	0.012	0.50	0.04
Br1	0.035	0.009	0.54	0.07
Br2	0.069	0.012	0.56	0.19
Br3	0.055	0.010	0.43	0.18
Br4	0.106	0.012	0.62	0.19

剖面层次	水溶性碳酸根 [cmol(1/2CO₃²⁻)/kg]	水溶性碳酸氢根 [cmol(HCO₃⁻)/kg]	水溶性硫酸根 [cmol(1/2SO₄²⁻)/kg]	水溶性氯离子 [cmol(Cl⁻)/kg]	离子总量（g/kg）
Ap1	0.04	0.29	0.03	0.06	0.36
Ap2	0.05	0.25	0.04	0.14	0.36
Br1	0.05	0.33	0.07	0.16	0.44
Br2	0.06	0.35	0.13	0.31	0.57
Br3	0.06	0.32	0.05	0.15	0.43
Br4	0.04	0.49	0.08	0.14	0.57

表3-7 良犁两合土（女山湖镇安淮村）土壤全量养分含量

剖面层次	有机质（g/kg）	碳酸钙（g/kg）	全氮（g/kg）	全磷（g/kg）	全钾（g/kg）	全硫（g/kg）	全硼（mg/kg）	全铁（mg/kg）
Ap1	15.10	39	1.130	0.76	23.2	0.15	39.98	2.54×10^4
Ap2	13.10	44	0.895	0.56	19.4	0.16	48.16	2.90×10^4
Br1	8.65	41	0.420	0.52	20.5	0.12	43.54	2.46×10^4
Br2	11.00	53	0.537	0.52	18.8	0.14	72.34	3.70×10^4
Br3	4.85	49	0.265	0.38	20.6	0.10	42.44	2.75×10^4
Br4	7.87	57	0.573	0.52	30.0	0.12	47.18	4.08×10^4

剖面层次	全锰（mg/kg）	全铜（mg/kg）	全锌（mg/kg）	全钼（mg/kg）	全铝（%）	全硅（%）	全钙（%）	全镁（%）
Ap1	415	19.4	51.8	0.442	5.67	38.9	1.91	0.91
Ap2	600	18.0	61.3	0.464	6.78	32.3	2.28	0.95
Br1	502	19.5	49.6	0.476	5.50	39.8	2.47	0.91
Br2	921	26.8	79.1	0.599	6.62	28.2	2.60	1.18
Br3	579	22.2	55.1	0.430	6.44	37.4	2.61	0.96
Br4	921	34.3	88.3	0.674	8.17	32.3	2.55	1.19

表3-8 良犁两合土（女山湖镇安淮村）土壤有效养分含量（mg/kg）

剖面层次	有效磷	缓效钾	速效钾	有效硫	有效铁	有效锰	有效铜	有效锌	有效硼	有效钼
Ap1	11.4	804	149	5.20	5.9	0.6	0.52	0.35	0.32	0.03
Ap2	1.6	755	104	8.40	6.5	1.3	1.49	0.35	0.26	0.04
Br1	2.8	569	77	10.0	2.9	0.5	0.34	0.08	0.08	0.04
Br2	1.2	702	123	6.08	23.6	6.5	1.02	0.21	0.24	0.05
Br3	1.9	647	67	4.00	4.6	1.2	0.81	0.13	0.19	0.05
Br4	5.5	854	166	5.00	3.4	1.6	1.64	0.25	0.36	0.08

3.2.4 生产性能综述 土体砂黏适中、疏松绵软，水、肥、气、热协调，耕性良好，保水保肥，耐旱耐涝，适种范围广。良犁两合土综合了砂土和淤土两方面的优点。保水保肥，耐旱耐涝，雨后不板结，干后不开裂，有明显的夜潮现象，供肥性好，抗旱能力强，全生育期作物长势均衡，发小苗也发老苗，后劲足，结实率高，籽粒饱满。土壤适种范围广，复种指数高，是旱涝保收的良田。一般小麦-大豆或小麦-玉米一年两熟，可获小麦7 500kg/hm²以上、大豆4 500kg/hm²左右。但要注意培肥、用养结合，力争高产稳产。

3.3 苏王砂心两合土

3.3.1 归属与分布 二普的土种名称为砂心两合土。土壤发生学分类：潮土土类，典型潮土亚类，石灰性潮壤土土属，苏王砂心两合土土种。中国土壤系统分类：雏形土土纲，潮湿雏形土亚纲，淡色潮湿雏形土土类，石灰淡色潮湿雏形土亚类。主要分布在女山湖镇、潘村镇和柳巷镇等沿淮乡镇，地处淮河冲积平原地势低平地段，海拔20m左右，面积160.48hm²，为耕种旱地。

3.3.2 主要性状 该土种的母质为黄泛沉积物，土壤剖面为Ap1-Ap2-Br型。在土体50cm处即氧化还原层（Br1）出现厚度大于10cm的砂层。耕作层（Ap1）、犁底层（Ap2）和氧化还原层（Br2）为黏壤土，黏粒含量大于20%。氧化还原层土体结构面上有少量至中量灰色条纹和暗棕色锈纹锈斑，并可见雏形铁锰结核，潮化特征明显。通体石灰反应强烈，呈碱性。土体构型为黏土-壤土-黏土，耕作层团块状结构。

三普的4个表层土壤农化样分析结果统计显示：土壤耕作层厚度24.0cm，土壤pH 7.4，土壤有机质含量14.23g/kg、全氮0.83g/kg、有效磷8.20mg/kg、速效钾162.25mg/kg，阳离子交换量26.28cmol(+)/kg，土壤容重1.28g/cm³。

3.3.3 调查剖面 剖面样点位于潘村镇潘村湖农场，土壤剖面如图3-2所示。采样时间为2022年11月7日，为高标准农田建成区，灌排条件充分满足。土地利用类型为水田（旱改水时间10年左右），种植制度为麦-稻一年两熟，因水稻种植时间较短，土壤仍以潮土为主要特征，水稻土典型特征尚未形成，土壤理化性状如表3-9至表3-15所示。

Ap1层，耕作层：0～12cm，黑棕色（10YR2/2，润），质地为黏壤土，植物根系中等、中，为草本活根根系和草本腐烂根系；团块状结构、小，发育程度强；结持性疏松，无新生体斑纹；新生体胶膜少，胶膜位于结构面，新生体胶膜组成物质为黏粒-腐殖质，与土壤基质对比明显；无矿物瘤状结核；磐层胶结弱，胶结物质为黏粒，为自然形成；无滑擦面，无侵入体，未见土壤动物，有轻度石灰反应，未见亚铁反应，酸碱性为碱性。

Ap2层，犁底层：12～25cm，黑棕色（10YR2/3，润），质地为黏壤土，植物根系很少、细，为草本活根根系；棱块状结构、中等、发育程度中等；结持性坚实，无新生体斑纹；新生体胶膜少，胶膜位于结构面，新生体胶膜组成物质为黏粒-腐殖质，与土壤基质对比明显；无矿物瘤状结核；磐层胶结弱，胶结物质为黏粒，为机械压实；无滑擦面，无侵入体，未见土壤动物，有轻度石灰反应，未见亚铁反应，酸碱性为碱性。

图3-2 苏王砂心两合土的土壤剖面
（潘村镇潘村湖农场）

Br1层，氧化还原层：25～52cm，橙色（7.5YR6/6，润），质地为壤土，植物根系很少、细，为草本活根根系；棱块状结构、小，发育程度弱；结持性疏松，新生体斑纹很少、小，斑纹位于结构面，为铁/锰组成；新生体胶膜很少，胶膜位于结构面，新生体胶膜组成物质为黏粒-铁锰氧化物，与土壤基质对比明显；矿物瘤状结核很少，瘤状种类为结核、很小，形状不规则，用小刀易于破开，组成物质为铁锰；无磐层胶结，无滑擦面，很少贝壳侵入体，未见土壤动物，有轻度石灰反应，未见亚铁反应，酸碱性为碱性。

Br2层，氧化还原层：52～110cm，浊黄棕色（10YR5/3，润），质地为黏壤土，无植物根系；棱块状结构、小，发育程度弱；结持性疏松，无新生体斑纹；无新生体胶膜，无矿物瘤状结核；无磐层胶结，无滑擦面，无侵入体，未见土壤动物，有中度石灰反应，未见亚铁反应，酸碱性为碱性。

3.3.4 生产性能综述

苏王砂心两合土由于土层中夹有砂层，漏水漏肥，使土壤肥力大大降低，影响农作物产量，旱季又影响地下水沿毛管上升，因而耐旱性差，此土种的生产性能不如良犁两合土好。

表3-9 苏王砂心两合土（潘村镇潘村湖农场）土壤剖面形态学信息

剖面层次	取样深度（cm）	野外润态色调	野外润态明度	野外润态彩度	根系丰度	土壤质地	结构	发育程度	结持性	新生体丰度	新生体斑纹组成物质
Ap1	0～12	10YR	2	2	中等	黏壤土	团块状	强	疏松	无	
Ap2	12～25	10YR	2	3	很少	黏壤土	棱块状	中等	坚实	无	
Br1	25～52	7.5YR	6	6	很少	壤土	棱块状	弱	疏松	少	铁/锰
Br2	52～110	10YR	5	3	无	黏壤土	棱块状	弱	疏松	无	

表3-10 苏王砂心两合土（潘村镇潘村湖农场）土壤容重与质地

剖面层次	容重（g/cm³）				机械组成（%）				土壤质地
	1	2	3	平均	0.002mm以下	0.002～0.02mm	0.02～0.2mm	0.2～2mm	
Ap1	1.19	1.21	1.22	1.21	34.3	32.0	32.5	1.2	壤质黏土
Ap2	1.42	1.45	1.43	1.43	33.9	30.9	34.0	1.2	壤质黏土
Br1	1.40	1.44	1.46	1.43	44.1	37.8	17.2	0.9	壤质黏土
Br2	1.45	1.39	1.45	1.43	8.2	23.9	67.6	0.3	砂质壤土

表3-11 苏王砂心两合土（潘村镇潘村湖农场）表层土壤水稳性大团聚体含量

水稳性大团聚体直径	质量比例（%）	水稳性大团聚体直径	质量比例（%）
<0.25mm	23.2	2～3mm	5.5
0.25～0.5mm	10.5	3～5mm	11.4
0.5～1mm	15.4	5mm以上	17.5
1～2mm	16.5		

表3-12　苏王砂心两合土（潘村镇潘村湖农场）土壤交换性养分含量

剖面层次	含水量（%）	pH	交换性酸总量［cmol(H⁺+1/3Al³⁺)/kg］	交换性氢离子［cmol(H⁻)/kg］	交换性铝离子［cmol(1/3Al³⁺)/kg］	阳离子交换量［cmol(+)/kg］
Ap1	6.1	8.00	＜0.10	＜0.10	＜0.10	26.10
Ap2	4.9	8.10	＜0.10	＜0.10	＜0.10	25.36
Br1	7.9	8.45	＜0.10	＜0.10	＜0.10	13.38
Br2	6.1	8.47	＜0.10	＜0.10	＜0.10	9.85

剖面层次	交换性盐基总量［cmol(+)/kg］	交换性钙［cmol(+)/kg］	交换性镁［cmol(+)/kg］	交换性钠［cmol(+)/kg］	交换性钾［cmol(+)/kg］	水溶性盐总量（g/kg）	电导率（mS/cm）
Ap1	16.30	11.10	4.24	0.37	0.59	0.75	0.18
Ap2	19.80	14.20	5.05	0.33	0.22	0.54	0.12
Br1	9.44	6.49	2.45	0.38	0.12	0.74	0.17
Br2	9.05	4.93	3.14	0.88	0.10	0.59	0.12

表3-13　苏王砂心两合土（潘村镇潘村湖农场）土壤水溶性养分含量

剖面层次	水溶性钠离子［cmol(Na⁺)/kg］	水溶性钾离子［cmol(K⁺)/kg］	水溶性钙离子［cmol(1/2Ca²⁺)/kg］	水溶性镁离子［cmol(1/2Mg²⁺)/kg］
Ap1	0.231	0.018	0.50	0.14
Ap2	0.198	0.009	0.38	0.10
Br1	0.338	0.002	0.45	0.14
Br2	0.363	0.006	0.20	0.11

剖面层次	水溶性碳酸根［cmol(1/2CO₃²⁻)/kg］	水溶性碳酸氢根［cmol(HCO₃⁻)/kg］	水溶性硫酸根［cmol(1/2SO₄²⁻)/kg］	水溶性氯离子［cmol(Cl⁻)/kg］	离子总量（g/kg）
Ap1	0.02	0.46	0.11	0.17	0.58
Ap2	0.06	0.38	0.10	0.16	0.49
Br1	0.02	0.56	0.26	0.13	0.70
Br2	0.02	0.41	0.26	0.07	0.54

表3-14　苏王砂心两合土（潘村镇潘村湖农场）土壤全量养分含量

剖面层次	有机质（g/kg）	碳酸钙（g/kg）	全氮（g/kg）	全磷（g/kg）	全钾（g/kg）	全硫（g/kg）	全硼（mg/kg）	全铁（mg/kg）
Ap1	35.50	12	2.210	1.05	18.7	0.21	51.30	5.01×10^4
Ap2	26.90	12	1.550	0.82	20.4	0.17	81.31	5.10×10^4
Br1	6.89	121	0.955	0.58	22.0	0.21	44.88	4.22×10^4
Br2	1.05	15	0.225	0.46	19.4	0.11	37.72	2.93×10^4

剖面层次	全锰（mg/kg）	全铜（mg/kg）	全锌（mg/kg）	全钼（mg/kg）	全铝（%）	全硅（%）	全钙（%）	全镁（%）
Ap1	888	36.0	110.0	0.771	11.40	39.7	1.22	1.51
Ap2	849	35.6	102.0	0.743	7.90	21.0	1.22	1.36
Br1	1 232	32.5	86.8	0.826	4.32	19.9	4.98	1.68
Br2	547	14.8	50.4	0.458	7.67	38.7	1.43	0.93

表3–15　苏王砂心两合土（潘村镇潘村湖农场）土壤有效养分含量（mg/kg）

剖面层次	有效磷	缓效钾	速效钾	有效硫	有效铁	有效锰	有效铜	有效锌	有效硼	有效钼
Ap1	41.5	880	297	4.06	77.9	8.4	5.40	1.20	0.65	0.04
Ap2	9.3	900	199	4.66	64.0	6.6	2.21	0.44	0.44	0.05
Br1	1.2	850	119	7.83	11.3	5.8	1.96	0.19	0.29	0.07
Br2	1.7	482	49	13.87	7.7	2.1	0.60	0.08	0.19	0.03

3.4　龙北砂心淤土

3.4.1　归属与分布　二普的土种名称为砂心淤土。土壤发生分类：潮土土类，典型潮土亚类，石灰性潮黏土土属，龙北砂心淤土土种。中国土壤系统分类：雏形土土纲，潮湿雏形土亚纲，淡色潮湿雏形土土类，石灰淡色潮湿雏形土亚类。主要分布在泊岗乡、柳巷镇、潘村镇等沿淮乡镇，地处距河床较远的平缓洼地地段，面积1 156.12hm²，为耕种旱地。

3.4.2　主要性状　该土种母质为黄泛沉积物，土壤剖面为Ap1–Ap2–Br型。在土体内50cm左右处出现大于厚度10cm的砂层，或连续砂层，或间接砂层；70cm左右有大量锈纹锈斑，并可见少数雏形铁锰结核，菜籽粒大小；全剖面以灰黄棕色为主，上层色较暗以灰黑色为主，除砂层质地为砂壤土和粒状结构外，其余层质地均为壤质黏土到黏土，小块或棱块状结构。二普的21个剖面样统计，耕作层厚度平均14.5cm，最大15cm，最小14cm；犁底层厚度平均10.4cm，最大11cm，最小5cm；砂土层厚度平均24.8cm，最大43cm，最小20cm；氧化还原层厚度平均37.2cm，最大40cm，最小15cm。土体构型为壤土–砂土–壤土–黏土。二普的农化样统计，龙北砂心淤土耕作层有机质含量平均10.8g/kg、全氮1.0g/kg、有效磷6mg/kg、速效钾198mg/kg。

三普的22个表层土壤农化样分析结果统计显示：土壤耕作层厚度18.5cm，土壤pH 7.2，土壤有机质含量20.69g/kg、全氮1.18g/kg、有效磷11.76mg/kg、速效钾173.27mg/kg，阳离子交换量23.21cmol(+)/kg，土壤容重1.27g/cm³。

3.4.3　典型剖面　剖面样品位于柳巷乡拐头村东北处，采自1983年11月6日，土壤理化性状如表3–16所示。

Ap1层，耕作层：0～14cm，浅棕黄色，质地重壤土，屑粒状结构，土质疏松，土体中有少量贝壳侵入，有强石灰反应，pH 8.0。

Ap2层，犁底层：14～24cm，棕灰色，质地轻黏土，块状结构，土质稍紧，有强石灰反应，pH 8.0。

Br1层，氧化还原层：24～57cm，灰棕黄色，质地砂壤土，单粒状结构，土质紧实，有石灰反应，pH 8.2。

Br2层，氧化还原层：57～75cm，灰棕色，质地中黏土，棱块状结构，土质紧实，有强石灰反应，pH 8.0。

Br3层，氧化还原层：75～110cm，黄棕灰色，质地黏土，棱块状结构，土质紧实，有强石灰反应，pH 8.2。

表3-16 龙北砂心淤土土壤剖面理化性状分析

剖面层次	取样深度（cm）	有机质（g/kg）	全氮（g/kg）	全磷（g/kg）	全钾（g/kg）	有效磷（mg/kg）	速效钾（mg/kg）	pH
Ap1	0～14	9.8	0.69	0.58	22.6	2	119	8.2
Ap2	14～24	6.3	0.48	0.60	21.3	1	101	8.3
Br1	24～57	8.5	0.70	0.60	23.8	1	176	8.4
Br2	57～75	3.7	0.35	0.63	18.8	3	71	8.2

剖面层次	容重（g/cm³）	阳离子交换量[cmol(+)/kg]	机械组成（%）					土壤质地
			0.05～1.0mm	0.01～0.05mm	0.005～0.01mm	0.001～0.005mm	0.001mm以下	
Ap1	1.57	15.3	6.00	38.56	10.37	17.05	20.51	重壤土
Ap2	1.62	16.0	0.33	20.63	17.35	20.17	28.92	轻黏土
Br1		8.2	2.48	66.09	2.94	0.90	15.49	砂壤土
Br2		23.3	0.32	4.36	6.32	48.28	27.52	中黏土

3.4.4 生产性能综述 龙北砂心淤土耕作层质地黏重，耕性差，适耕期只有3d左右，土性较冷，土壤速效养分含量低，出苗不齐，发苗也晚，但后发性较好，土壤由于受夹砂层的影响，漏水漏肥现象比较严重，砂层雨季含水，易渍苗，耐旱性、保肥性都差，是黄泛母质形成土壤中生产水平较低的土种之一，多种植小麦、豆类、玉米等作物，小麦产量可达6 000kg/hm²以上。

3.5 古饶淤土

3.5.1 归属与分布 二普的土种名称为淤土。由黏质黄泛沉积物发育而成，主要分布在距古河道较远的低洼平地，土壤质地黏重，保蓄能力好，潜在肥力高，多分布在潘村镇、柳巷镇和女山湖镇等地，面积5 689.77hm²。

该土种海拔5.8～11.2m，大地形是平原，中地形是冲积平原，小地形是阶地；地形部位为低阶地（河流冲积平原），坡度为平地，由河流冲积物或湖泊沉积物母质发育而成，地下水借毛管作用上下运动引起土壤氧化还原发生潮化过程。土壤发生学分类：潮土土类，典型潮土亚类，石灰性潮黏土土属，古饶淤土土种。中国土壤系统分类：雏形土土纲，潮湿雏形土亚纲，淡色潮湿雏形土土类，石灰淡色潮湿雏形土亚类。

3.5.2 主要性状 该土种母质为黄泛沉积物，土壤剖面为Ap1-Ap2-Br-C型，质地均一，通体质地为黏土。耕作层土体色泽棕灰色，多为屑粒-小块状结构；氧化还原层层理不明显，多块状或棱块状结构，土色（棕灰或棕红色），土体下部有极薄的胶膜淀积，铁锰结核少且小，黏土至黏土。土体构型为壤土-黏土-黏土，有粒状、块状、团粒状、团块状、棱块状结构。耕作层厚度15～18cm，表层土壤不含砾石，有效土层厚度100～120cm，土体厚度120cm。

三普的76个表层土壤农化样分析结果统计显示：土壤耕作层厚度18.9cm，土壤pH 7.1，土壤有机质含量22.06g/kg、全氮1.25g/kg、有效磷8.72mg/kg、速效钾178.24mg/kg，阳离子交换量24.73cmol(+)/kg，土壤容重1.28g/cm³。

3.5.3 调查剖面

（1）剖面样点位于潘村镇潘村湖农场，采样时间为2022年8月25日。地形地貌为冲积平原的低阶地，土壤剖面发生层数为5层，土壤剖面如图3-3所示。

植被类型为栽培植物，植物优势种为农作物，土地利用类型为旱地，灌溉保证率100%，排水条件满足，道路工程为生产路，一年两熟，无休耕，无撂荒。轮作制度第一季为小麦，第二季为花生或豆类，无轮作变更，当季作物为豆类，产量水平小麦7 500kg/hm²、花生5 700kg/hm²、豆类2 400kg/hm²，施肥方式沟施、撒施，还田比例100%，还田年限10年。第一季小麦施肥是基肥磷酸氢二铵300kg/hm²、尿素225kg/hm²，追肥尿素150kg/hm²；或者基肥525kg/hm²，追肥300kg/hm²尿素。第二季大豆施肥是复合肥（18-8-18）225kg/hm²，花生施肥是磷酸氢二铵600kg/hm²。土壤理化性状如表3-17至表3-23所示。

Ap1层，耕作层：0～12cm，灰棕色（7.5YR4/2，润），质地为黏壤土，植物根系中等、细，为草本活根根系，粒状结构、小，发育程度中等，结持性疏松，无新生体斑纹，无矿物瘤状结核，无磐层胶结，无滑擦面，无侵入体，未见土壤动物，有中度石灰反应，未见亚铁反应，酸碱性为碱性。

Ap2层，犁底层：12～22cm，黑棕色（7.5YR3/2，润），质地为黏壤土，植物根系少、细，为草本活根根系，棱块状结构、大，发育程度强，结持性坚实，无新生体斑纹，无矿物瘤状结核，无磐层胶结，无滑擦面，无侵入体，未见土壤动物，有中度石灰反应，未见亚铁反应，酸碱性为碱性。

Br1层，氧化还原层：22～50cm，棕色（7.5YR4/3，润），质地为黏壤土，植物根系很少、细，为草本活根根系，棱块状结构、大，发育程度中等，结持性坚实，新生体斑纹很少且很小，位于结构体表面，为铁/锰组成，无新生体胶膜，无矿物瘤状结核，无磐层胶结，无滑擦面，很少贝壳侵入体，未见土壤动物，有强石灰反应，未见亚铁反应，酸碱性为碱性。

图3-3　古饶淤土的土壤剖面
（潘村镇潘村湖农场）

Br2层，氧化还原层：50～102cm，浊棕色（7.5YR5/3，润），质地为粉壤土，植物根系很少，为草本活根根系，棱块状结构、很大，发育程度中等，结持性很坚实，新生体斑纹很少且小，位于结构体表面，为铁/锰组成，无新生体胶膜，无矿物瘤状结核，磐层胶结少，胶结物质为黏粒，无滑擦面，无侵入体，未见土壤动物，有强石灰反应，未见亚铁反应，酸碱性为碱性。

C层，母质层：102～120cm，浊橙色（2.5YR6/4，润），质地为砂土，植物根系无，粒状结构、很小，发育程度很弱，无新生体斑纹，无矿物瘤状结核，无磐层胶结，无滑擦面，无侵入体，未见土壤动物，有中度石灰反应，未见亚铁反应，酸碱性为碱性。

表3-17　古饶淤土（潘村镇潘村湖农场）土壤剖面形态学信息

剖面层次	取样深度（cm）	野外润态色调	野外润态明度	野外润态彩度	根系丰度	土壤质地	结构	发育程度	结持性	新生体丰度	新生体斑纹组成物质
Ap1	0～12	7.5YR	4	2	中等	黏壤土	粒状	中等	疏松	无	
Ap2	12～22	7.5YR	3	2	少	黏壤土	棱块状	强	坚实	无	
Br1	22～50	7.5YR	4	3	很少	黏壤土	棱块状	中等	坚实	少	铁/锰
Br2	50～102	7.5YR	5	3	很少	粉壤土	棱块状	中等	很坚实	少	铁/锰
C	102～120	2.5YR	6	4	无	砂土	粒状	很弱	松散	无	

表3-18　古饶淤土（潘村镇潘村湖农场）土壤容重与质地

剖面层次	容重（g/cm³）				机械组成（%）				土壤质地
	1	2	3	平均	0.002mm以下	0.002～0.02mm	0.02～0.2mm	0.2～2mm	
Ap1	1.31	1.30	1.23	1.28	36.0	40.1	23.0	0.9	壤质黏土
Ap2	1.46	1.48	1.49	1.48	40.3	41.3	17.9	0.5	壤质黏土
Br1	1.39	1.42	1.48	1.43	37.2	44.2	17.9	0.7	壤质黏土
Br2	1.48	1.46	1.49	1.48	50.1	37.6	12.2	0.1	黏土
C	1.51	1.48	1.51	1.50	0.2	7.9	91.8	0.1	砂土及壤质砂土

表3-19　古饶淤土（潘村镇潘村湖农场）表层土壤水稳性大团聚体含量

水稳性大团聚体直径	质量比例（%）	水稳性大团聚体直径	质量比例（%）
＜0.25mm	32.9	2～3mm	5.0
0.25～0.5mm	13.4	3～5mm	3.6
0.5～1mm	24.7	5mm以上	0.5
1～2mm	19.8		

表3-20　古饶淤土（潘村镇潘村湖农场）土壤交换性养分含量

剖面层次	含水量（%）	pH	交换性酸总量[cmol(H⁺+1/3Al³⁺)/kg]	交换性氢离子[cmol(H⁺)/kg]	交换性铝离子[cmol(1/3Al³⁺)/kg]	阳离子交换量[cmol(+)/kg]
Ap1	3.0	8.15	＜0.10	＜0.10	＜0.10	17.16
Ap2	3.3	8.40	＜0.10	＜0.10	＜0.10	25.06
Br1	3.1	8.04	＜0.10	＜0.10	＜0.10	21.05
Br2	2.5	8.44	＜0.10	＜0.10	＜0.10	21.55
C	0.3	8.73	＜0.10	＜0.10	＜0.10	7.55

（续）

剖面层次	交换性盐基总量 [cmol(+)/kg]	交换性钙 [cmol(+)/kg]	交换性镁 [cmol(+)/kg]	交换性钠 [cmol(+)/kg]	交换性钾 [cmol(+)/kg]	水溶性盐总量 (g/kg)	电导率 (mS/cm)
Ap1	13.8	10.6	1.85	0.64	0.64	0.37	0.09
Ap2	17.9	14.8	2.27	0.39	0.40	0.42	0.09
Br1	15.5	11.2	3.19	0.63	0.45	0.51	0.11
Br2	14.6	8.23	5.32	0.61	0.45	0.53	0.11
C	4.91	2.77	1.12	0.58	0.45	0.36	0.07

表3-21　古饶淤土（潘村镇潘村湖农场）土壤水溶性养分含量

剖面层次	水溶性钠离子 [cmol(Na$^+$)/kg]	水溶性钾离子 [cmol(K$^+$)/kg]	水溶性钙离子 [cmol(1/2Ca^{2+})/kg]	水溶性镁离子 [cmol(1/2Mg^{2+})/kg]
Ap1	0.030	0.019	0.43	0.05
Ap2	0.032	0.009	0.45	0.05
Br1	0.066	0.007	0.50	0.11
Br2	0.152	0.008	0.41	0.20
C	0.090	0.014	0.28	0.10

剖面层次	水溶性碳酸根 [cmol(1/2CO$_3^{2-}$)/kg]	水溶性碳酸氢根 [cmol(HCO$_3^-$)/kg]	水溶性硫酸根 [cmol(1/2SO$_4^{2-}$)/kg]	水溶性氯离子 [cmol(Cl$^-$)/kg]	离子总量 (g/kg)
Ap1	0.06	0.31	0.03	0.06	0.35
Ap2	0.08	0.35	0.02	0.04	0.38
Br1	0.05	0.52	0.02	0.03	0.49
Br2	0.08	0.45	0.07	0.03	0.49
C	0.02	0.29	0.04	0.04	0.32

表3-22　古饶淤土（潘村镇潘村湖农场）土壤全量养分含量

剖面层次	有机质 (g/kg)	碳酸钙 (g/kg)	全氮 (g/kg)	全磷 (g/kg)	全钾 (g/kg)	全硫 (g/kg)	全硼 (mg/kg)	全铁 (mg/kg)
Ap1	24.20	34	1.560	0.81	20.6	0.15	47.63	3.02×10^4
Ap2	19.30	35	1.330	0.78	24.0	0.11	51.05	2.66×10^4
Br1	8.82	67	0.771	0.51	25.9	0.11	43.29	4.67×10^4
Br2	5.77	175	0.644	0.68	13.1	0.20	55.29	4.07×10^4
C	2.07	73	0.139	0.54	20.8	0.17	31.44	2.29×10^4

剖面层次	全锰 (mg/kg)	全铜 (mg/kg)	全锌 (mg/kg)	全钼 (mg/kg)	全铝 (%)	全硅 (%)	全钙 (%)	全镁 (%)
Ap1	470	34.3	74.1	0.770	7.86	34.3	2.28	1.39
Ap2	388	32.3	63.6	0.756	8.14	33.4	2.21	1.41
Br1	860	41.8	102.0	0.816	10.50	31.6	1.67	0.76
Br2	969	43.8	95.7	1.230	7.41	22.0	1.58	0.40
C	455	14.8	43.8	0.437	5.93	40.2	1.76	0.35

表3-23　古饶淤土（潘村镇潘村湖农场）土壤有效养分含量（mg/kg）

剖面层次	有效磷	缓效钾	速效钾	有效硫	有效铁	有效锰	有效铜	有效锌	有效硼	有效钼
Ap1	11.0	990	264	3.8	1.6	0.4	0.47	0.15	0.25	0.03
Ap2	2.7	947	182	5.7	1.8	0.4	0.43	0.09	0.19	0.03
Br1	1.2	887	176	1.5	2.1	1.4	1.47	0.14	0.36	0.05
Br2	4.5	799	161	6.0	2.1	0.5	0.70	0.07	0.46	0.08
C	1.9	453	71	2.8	2.9	0.5	0.40	0.04	0.16	0.06

（2）剖面样点位于泊岗乡高秦村，采样时间为2022年9月19日。土壤剖面如图3-4所示，有效土层厚度120cm，土体厚度120cm，土体构型为壤土-黏土-黏土，发生层数5层，耕作层厚度18cm。土壤理化性状如表3-24至表3-30所示。

Ap1层，耕作层：0～18cm，灰黄棕色（10YR4/2，润），质地为壤土，植物根系中等、细，为草本活根根系，粒状结构、小，发育程度中等，结持性极疏松，无新生体斑纹，无矿物瘤状结核，无磐层胶结，无滑擦面，无侵入体，未见土壤动物，有中度石灰反应，未见亚铁反应，酸碱性为碱性。

Ap2层，犁底层：18～25cm，浊黄橙色（10YR6/4，润），质地为黏壤土，植物根系少、细，为草本活根根系，棱块状结构、中，发育程度中等，结持性坚实，无新生体斑纹，无矿物瘤状结核，无磐层胶结，无滑擦面，无侵入体，未见土壤动物，有中度石灰反应，未见亚铁反应，酸碱性为碱性。

Br1层，氧化还原层：25～55cm，浊黄橙色（10YR6/4，润），质地为黏土，植物根系很少、细，为

图3-4　古饶淤土的土壤剖面（泊岗乡高秦村）

草本活根根系，棱块状结构、中，发育程度中等，结持性坚实，无新生体或新生体很小，位于结构体表面，无新生体胶膜，无矿物瘤状结核，无磐层胶结，无滑擦面，未见侵入体，未见土壤动物，有强石灰反应，未见亚铁反应，酸碱性为碱性。

Br2层，氧化还原层：55～105cm，浊黄橙色（10YR6/3，润），质地为黏土，植物根系很少、细，为草本活根根系，棱块状结构、大，发育程度中等，结持性很坚实，新生体斑纹很少、小，位于空隙周围，为铁/锰组成，新生体胶膜很少，位于结构体表面，为铁/锰组成，新生体胶膜与土壤基质对比明显，无矿物瘤状结核，磐层胶结少，胶结物质为黏粒，无滑擦面，无侵入体，未见土壤动物，有强石灰反应，未见亚铁反应，酸碱性为碱性。

C层，母质层：105～120cm，棕色（10YR4/6，润），质地为砂壤土，植物根系无，粒状结构、小，发育程度很弱，结持性极疏松，无新生体斑纹，无矿物瘤状结核，无磐层胶结，无滑擦面，无侵入体，未见土壤动物，有中度石灰反应，未见亚铁反应，酸碱性为碱性。

表3-24　古饶淤土（泊岗乡高秦村）土壤剖面形态学信息

剖面层次	取样深度	野外润态色调	野外润态明度	野外润态彩度	根系丰度	土壤质地	结构	发育程度	结持性	新生体丰度	新生体斑纹组成物质
Ap1	0～18	10YR	4	2	中等	壤土	粒状	中等	极疏松	无	
Ap2	18～25	10YR	6	4	少	黏壤土	棱块状	中等	坚实	无	
Br1	25～55	10YR	6	4	很少	黏土	棱块状	中等	坚实	无	
Br2	55～105	10YR	6	3	很少	黏土	棱块状	中等	很坚实	很少	铁/锰
C	105～120	10YR	4	6	无	砂壤土	粒状	很弱	极疏松	无	

表3-25　古饶淤土（泊岗乡高秦村）土壤容重与质地

剖面层次	容重				机械组成（%）				土壤质地
	1	2	3	平均	0.002mm以下	0.002～0.02mm	0.02～0.2mm	0.2～2mm	
Ap1	1.25	1.30	1.26	1.27	22.4	46.4	29.6	1.6	粉砂质黏壤土
Ap2	1.43	1.49	1.46	1.46	25.5	44.5	29.2	0.8	壤质黏土
Br1	1.45	1.47	1.41	1.44	47.3	40.0	12.6	0.1	黏土
Br2	1.36	1.41	1.34	1.37	59.2	31.8	9.0	0.0	黏土
C	1.38	1.33	1.31	1.34	20.6	27.4	51.5	0.5	黏壤土

表3-26　古饶淤土（泊岗乡高秦村）表层土壤水稳性大团聚体含量

水稳性大团聚体直径	质量比例（%）	水稳性大团聚体直径	质量比例（%）
<0.25mm	51.6	2～3mm	2.6
0.25～0.5mm	18.0	3～5mm	2.7
0.5～1mm	13.4	5mm以上	1.3
1～2mm	10.3		

表3-27　古饶淤土（泊岗乡高秦村）土壤交换性养分含量

剖面层次	含水量（%）	pH	交换性酸总量 [cmol(H⁺+1/3Al³⁺)/kg]	交换性氢离子 [cmol(H⁺)/kg]	交换性铝离子 [cmol(1/3Al³⁺)/kg]	阳离子交换量 [cmol(+)/kg]
Ap1	1.8	8.22	<0.10	<0.10	<0.10	19.13
Ap2	1.7	8.37	<0.10	<0.10	<0.10	15.76
Br1	3.7	8.14	<0.10	<0.10	<0.10	23.47
Br2	3.5	8.25	<0.10	<0.10	<0.10	24.57
C	2.5	8.35	<0.10	<0.10	<0.10	15.53

剖面层次	交换性盐基总量 [cmol(+)/kg]	交换性钙 [cmol(+)/kg]	交换性镁 [cmol(+)/kg]	交换性钠 [cmol(+)/kg]	交换性钾 [cmol(+)/kg]	水溶性盐总量（g/kg）	电导率（mS/cm）
Ap1	14.6	12.5	1.21	0.50	0.36	0.43	0.090
Ap2	11.0	7.97	1.96	0.63	0.46	0.40	0.110
Br1	16.0	13.6	1.47	0.51	0.43	0.53	0.130
Br2	16.1	12.9	2.37	0.46	0.40	0.62	0.150
C	10.1	6.22	3.28	0.33	0.29	0.50	0.114

表3-28　古饶淤土（泊岗乡高秦村）土壤水溶性养分含量

剖面层次	水溶性钠离子 [cmol(Na⁺)/kg]	水溶性钾离子 [cmol(K⁺)/kg]	水溶性钙离子 [cmol(1/2Ca²⁺)/kg]	水溶性镁离子 [cmol(1/2Mg²⁺)/kg]
Ap1	0.026	0.036	0.45	0.04
Ap2	0.060	0.010	0.57	0.06
Br1	0.043	0.004	0.57	0.09
Br2	0.082	0.008	0.59	0.19
C	0.081	0.011	0.39	0.14

剖面层次	水溶性碳酸根 [cmol(1/2CO₃²⁻)/kg]	水溶性碳酸氢根 [cmol(HCO₃⁻)/kg]	水溶性硫酸根 [cmol(1/2SO₄²⁻)/kg]	水溶性氯离子 [cmol(Cl⁻)/kg]	离子总量 (g/kg)
Ap1	0.07	0.41	0.02	0.03	0.41
Ap2	<0.01	0.20	0.04	0.08	0.31
Br1	0.04	0.25	0.04	0.27	0.41
Br2	0.08	0.48	0.09	0.18	0.59
C	0.04	0.49	0.05	0.12	0.49

表3-29　古饶淤土（泊岗乡高秦村）土壤全量养分含量

剖面层次	有机质 (g/kg)	碳酸钙 (g/kg)	全氮 (g/kg)	全磷 (g/kg)	全钾 (g/kg)	全硫 (g/kg)	全硼 (mg/kg)	全铁 (mg/kg)
Ap1	18.00	37	1.190	0.83	25.10	0.24	47.21	3.40×10^4
Ap2	11.20	46	0.831	0.65	9.19	0.12	42.92	3.95×10^4
Br1	12.20	159	0.675	0.54	24.00	0.09	56.54	4.28×10^4
Br2	7.88	186	0.702	0.66	28.50	0.18	55.96	4.48×10^4
C	9.50	67	0.417	0.58	18.00	0.09	44.66	3.22×10^4

剖面层次	全锰 (mg/kg)	全铜 (mg/kg)	全锌 (mg/kg)	全钼 (mg/kg)	全铝 (%)	全硅 (%)	全钙 (%)	全镁 (%)
Ap1	570	30.1	75.4	0.564	6.86	36.0	2.10	1.20
Ap2	718	34.1	85.0	0.594	8.21	33.2	2.31	1.23
Br1	1 020	39.4	101.0	1.200	8.88	25.7	7.12	1.73
Br2	1 260	48.4	106.0	1.450	7.55	22.3	7.78	1.84
C	564	24.9	75.9	0.594	8.47	30.8	3.17	1.25

表3-30　古饶淤土（泊岗乡高秦村）土壤有效养分含量（mg/kg）

剖面层次	有效磷	缓效钾	速效钾	有效硫	有效铁	有效锰	有效铜	有效锌	有效硼	有效钼
Ap1	9.0	1 097	267	0.60	2.5	0.4	0.43	0.16	0.26	0.04
Ap2	1.7	930	145	5.80	2.7	1.1	1.50	0.23	0.18	0.06
Br1	0.7	820	180	2.72	1.3	1.3	1.75	0.14	0.27	0.07
Br2	2.9	808	196	6.80	2.4	0.5	0.69	0.10	0.28	0.08
C	8.8	820	133	2.96	19.9	3.2	0.63	0.22	0.26	0.07

3.5.4　生产性能综述　古饶淤土质地黏重，可塑性强，胀缩性大，通透性不良，适

耕期短，耐旱不耐涝，但保肥力强，潜在养分丰富，肥劲稳长，作物苗期长势弱、发棵慢，中后期多生长稳健、不早衰。该土种地势低洼，土壤通透性差，排水不良，雨季易涝渍，同时又因土壤毛管力强，干旱季节水分蒸发量大，下层水补给缓慢，地表易开裂，失墒快，易拉断根系。适宜种小麦、玉米，块根块茎类作物常发育不良，不宜种芝麻。改良利用重点是深耕深松，增加耕作层厚度，提高整地质量，推广高畦深沟种植，防止渍害涝害；推广秸秆还田、增施有机肥，改良耕作层物理性状。

3.6 砂泥土

3.6.1 归属与分布 二普的土种名称为砂泥土。土壤发生学分类：潮土土类，灰潮土亚类，灰潮壤土土属，砂泥土土种。中国土壤系统分类：雏形土土纲，潮湿雏形土亚纲，淡色潮湿雏形土土类，水耕淡色潮湿雏形土亚类。主要分布在管店镇、张八岭镇、三界镇等乡镇，地处南沙河、池河、八岭湖边缘等两岸，呈条带状分布，海拔30～40m，面积462.06hm²，为耕种旱地或水田。

3.6.2 主要性状 该土种母质为河流冲积物，后经人为耕作熟化发育而成。土壤剖面为Ap1-Ap2-Br型，1m土体内无砂黏夹层，土体内偶见螺壳，粉砂含量较高，有夜潮现象，结构体表面有少量至中量锈纹锈斑，黏壤土或粉砂质黏壤土。土体构型通体为壤土，耕作层团粒状、团块状结构。

三普的8个表层土壤农化样分析结果统计显示：土壤耕作层厚度19.5cm，土壤pH 5.6，土壤有机质含量14.32g/kg、全氮0.90g/kg、有效磷58.73mg/kg、速效钾214.63mg/kg，阳离子交换量19.12cmol(+)/kg，土壤容重1.27g/cm³。

3.6.3 调查剖面 剖面样点位于张八岭镇普贤村，采样时间为2022年10月14日，土壤剖面如图3-5所示。

植被类型为栽培植物，植物优势种为农作物，土地利用类型为水田，灌溉保证率100%，排水条件基本满足。一年一熟，季节性休耕，无撂荒。轮作制度为第一季休耕，第二季水稻，水稻产量可达9 750kg/hm²，施肥方式为撒施，秸秆还田比例100%。土壤理化性状如表3-31至表3-37所示。

Ap1层，耕作层：0～15cm，灰黄棕色（10YR4/2，润），质地为黏壤土，植物根系中等，为草本活根根系，团块状结构、很小，发育程度中等，结持性疏松，无新生体斑纹，无矿物瘤状结核，无磐层胶结，无滑擦面，无侵入体，未见土壤动物，无石灰反应，未见亚铁反应，酸碱性为中性。

Ap2层，犁底层：15～27cm，浊黄橙色（10YR5/4，润），质地为黏壤土，植物根系少、细，为草本活根根

图3-5 砂泥土的土壤剖面
（张八岭镇普贤村）

系，棱块状结构、小，发育程度中等，结持性坚实，很少新生体斑纹且小，位于结构体表面，为铁/锰组成，无矿物瘤状结核，无磐层胶结，无滑擦面，无侵入体，未见土壤动物，无石灰反应，未见亚铁反应，酸碱性为中性。

Br1层，氧化还原层：27～52cm，浊黄棕色（10YR4/3，润），质地为黏壤土，植物根系很少、细，为草本活根根系，棱块状结构、小，发育程度弱，结持性疏松，无新生体斑纹，无新生体胶膜，很少矿物瘤状结核且小，球形，用小刀易于破开，为铁/锰组成，无磐层胶结，无滑擦面，未见侵入体，未见土壤动物，无石灰反应，未见亚铁反应，酸碱性为中性。

Br2层，氧化还原层：52～105cm，暗棕色（10YR3/4，润），质地为黏壤土，植物根系很少、细，为草本活根根系，棱块状结构、小，发育程度弱，结持性坚实，新生体斑纹很少且小，位于结构体表面，为铁/锰组成，无新生体胶膜，中等矿物瘤状结核，矿物瘤状结核小，球形，用小刀易于破开，无磐层胶结，无滑擦面，无侵入体，未见土壤动物，无石灰反应，未见亚铁反应，酸碱性为中性。

Br3层，氧化还原层：105～120cm，暗棕色（10YR3/3，润），质地为黏壤土，植物根系很少、细，为草本活根根系，棱块状结构、小，发育程度弱，结持性坚实，新生体斑纹很少且小，位于结构体表面，为铁/锰组成，无矿物瘤状结核，无磐层胶结，无滑擦面，无侵入体，未见土壤动物，有轻度石灰反应，未见亚铁反应，酸碱性为中性。

表3-31 砂泥土（张八岭镇普贤村）土壤剖面形态学信息

剖面层次	取样深度（cm）	野外润态色调	野外润态明度	野外润态彩度	根系丰度	土壤质地	结构	发育程度	结持性	新生体丰度	新生体斑纹组成物质
Ap1	0～15	10YR	4	2	中等	黏壤土	团块状	中等	疏松	无	
Ap2	15～27	10YR	5	4	少	黏壤土	棱块状	中等	坚实	很少	铁/锰
Br1	27～52	10YR	4	3	很少	黏壤土	棱块状	弱	疏松	无	
Br2	52～105	10YR	4	4	很少	黏壤土	棱块状	弱	坚实	很少	铁/锰
Br3	105～120	10YR	3	3	很少	黏壤土	棱块状	弱	坚实	很少	铁/锰

表3-32 砂泥土（张八岭镇普贤村）土壤容重与质地

剖面层次	容重（g/cm³）				机械组成（%）				土壤质地
	1	2	3	平均	0.002mm以下	0.002～0.02mm	0.02～0.2mm	0.2～2mm	
Ap1	1.29	1.25	1.31	1.28	9.0	54.0	34.7	2.3	粉砂质壤土
Ap2	1.57	1.62	1.61	1.60	28.1	34.7	32.3	4.9	壤质黏土
Br1	1.66	1.58	1.67	1.64	31.9	34.0	30.9	3.2	壤质黏土
Br2	1.51	1.55	1.57	1.54	23.8	37.0	35.1	4.1	黏壤土
Br3	1.57	1.64	1.59	1.60	37.8	47.3	13.1	1.8	粉砂质黏土

表3-33 砂泥土（张八岭镇普贤村）表层土壤水稳性大团聚体含量

水稳性大团聚体直径	质量比例（%）	水稳性大团聚体直径	质量比例（%）
＜0.25mm	23.8	2～3mm	1.9
0.25～0.5mm	15.6	3～5mm	3.3
0.5～1mm	18.9	5mm以上	28.2
1～2mm	8.4		

表3-34 砂泥土（张八岭镇普贤村）土壤交换性养分含量

剖面层次	含水量（%）	pH	交换性酸总量 [cmol(H⁺+1/3Al³⁺)/kg]	交换性氢离子 [cmol(H⁺)/kg]	交换性铝离子 [cmol(1/3Al³⁺)/kg]	阳离子交换量 [cmol(+)/kg]
Ap1	4.1	5.98	0.30	＜0.10	0.30	22.77
Ap2	3.4	6.75	＜0.10	＜0.10	＜0.10	19.87
Br1	3.4	7.06	＜0.10	＜0.10	＜0.10	23.57
Br2	3.5	6.86	＜0.10	＜0.10	＜0.10	18.96
B3	5.1	6.82	＜0.10	＜0.10	＜0.10	27.26

剖面层次	交换性盐基总量 [cmol(+)/kg]	交换性钙 [cmol(+)/kg]	交换性镁 [cmol(+)/kg]	交换性钠 [cmol(+)/kg]	交换性钾 [cmol(+)/kg]	水溶性盐总量（g/kg）	电导率（mS/cm）
Ap1	16.0	10.2	4.38	0.38	0.48	0.54	0.13
Ap2	15.9	10.3	4.38	0.33	0.45	0.22	0.05
Br1	19.0	12.0	5.98	0.43	0.45	0.28	0.05
Br2	16.0	9.36	5.78	0.27	0.41	0.32	0.05
B3	23.0	13.3	8.53	0.43	0.47	0.26	0.04

表3-35 砂泥土（张八岭镇普贤村）土壤水溶性养分含量

剖面层次	水溶性钠离子 [cmol(Na⁺)/kg]	水溶性钾离子 [cmol(K⁺)/kg]	水溶性钙离子 [cmol(1/2Ca²⁺)/kg]	水溶性镁离子 [cmol(1/2Mg²⁺)/kg]
Ap1	0.274	0.002	0.22	0.15
Ap2	0.118	0.002	0.08	0.06
Br1	0.144	0.006	0.06	0.04
Br2	0.135	0.010	0.25	0.18
Br3	0.133	0.010	0.17	0.14

剖面层次	水溶性碳酸根 [cmol(1/2CO₃²⁻)/kg]	水溶性碳酸氢根 [cmol(HCO₃⁻)/kg]	水溶性硫酸根 [cmol(1/2SO₄²⁻)/kg]	水溶性氯离子 [cmol(Cl⁻)/kg]	离子总量（g/kg）
Ap1	0.09	0.05	0.17	0.35	0.39
Ap2	0.04	0.12	0.10	0.07	0.21
Br1	0.02	0.16	0.10	0.09	0.24
Br2	0.02	0.15	0.10	0.09	0.29
Br3	0.02	0.12	0.08	0.07	0.24

表3-36　砂泥土（张八岭镇普贤村）土壤全量养分含量

剖面层次	有机质（g/kg）	碳酸钙（g/kg）	全氮（g/kg）	全磷（g/kg）	全钾（g/kg）	全硫（g/kg）	全硼（mg/kg）	全铁（mg/kg）
Ap1	20.4	5	1.330	0.45	21.0	0.19	35.66	3.29×10^4
Ap2	9.28	6	0.749	0.37	17.5	0.09	36.43	3.35×10^4
Br1	10.1	4	0.574	0.27	15.2	0.06	35.35	2.90×10^4
Br2	7.81	3	0.362	0.34	14.9	0.03	36.72	2.77×10^4
Br3	3.12	5	0.395	0.49	19.7	0.04	42.47	3.39×10^4

剖面层次	全锰（mg/kg）	全铜（mg/kg）	全锌（mg/kg）	全钼（mg/kg）	全铝（%）	全硅（%）	全钙（%）	全镁（%）
Ap1	491	22.7	63.1	0.549	5.47	36.0	0.42	0.53
Ap2	826	20.0	53.1	0.513	4.75	27.6	0.61	0.75
Br1	552	21.3	54.2	0.537	12.6	31.2	0.54	0.66
Br2	932	19.0	46.0	0.499	8.60	32.5	0.46	0.56
Br3	663	26.3	64.6	0.400	7.33	28.5	0.51	0.75

表3-37　砂泥土（张八岭镇普贤村）土壤有效养分含量（mg/kg）

剖面层次	有效磷	缓效钾	速效钾	有效硫	有效硅	有效铁	有效锰	有效铜	有效锌	有效硼	有效钼
Ap1	5.8	467	173	9.12	179.06	125.5	25.6	3.84	0.83	0.25	0.05
Ap2	4.0	398	118	11.11	590.73	34.2	33.2	2.43	0.36	0.21	0.02
Br1	3.4	447	132	12.56	262.06	38.9	19.0	1.59	0.30	0.14	0.05
Br2	5.9	307	108	7.87	272.98	38.4	37.1	1.62	0.46	0.08	0.05
Br3	12.3	415	144	13.16	415.75	38.7	38.5	1.74	0.58	0.06	0.05

3.6.4　生产性能综述　砂泥土耕作层质地为壤土，疏松绵软，耕性好，有明显夜潮现象，怕涝耐旱，保肥性能好，肥劲较平稳，有效磷和速效钾含量较高，作物长势较好，产量高，属于肥力较高的旱作土壤。适种面广，复种指数高，多以麦－豆两熟为主，小麦产量可达9 000kg/hm²以上、大豆3 000kg/hm²以上；种植水稻产量可达9 750kg/hm²以上。施肥见效快，后劲较足，施磷肥效果不明显。该土种在生产上应增施有机肥，科学施用磷钾肥，合理轮作换茬，以保持地力常新，并在雨季注意防涝防渍。

3.7　马肝底石灰性潮黏土

3.7.1　归属与分布　二普的土种名称为马肝底淤土。土壤发生学分类：潮土土类，典型潮土亚类，石灰性潮黏土土属，马肝底石灰性潮黏土土种。中国土壤系统分类：雏形土土纲，潮湿雏形土亚纲，淡色潮湿雏形土土类，石灰淡色潮湿雏形土亚类。主要分布在柳巷镇，地处黄泛沉积物边缘与下蜀黄土接壤的过渡地带，俗称"黄淤土"，面积仅141hm²，占本土属面积的1.39%。

3.7.2　主要性状　该土种母质为黄泛沉积物覆盖的下蜀黄土（异源母质覆盖），土壤剖面为Ap1-Ap2-Br-Bt型，土体厚度60cm以上为黄泛沉积物，下部为下蜀黄土，界线清晰，土体构型通体为黏土。土体颜色以棕灰色或棕黄色为主，屑粒至棱块状结构，淋溶淀积不强，在剖面中黄泛沉积物母质与下蜀黄土母质有铁锰结核、胶膜，部分土体夹有薄砂层，黄泛沉积物母质中有贝壳侵入。耕作层厚度平均15cm，最大19cm，最小13cm；压实层厚度平均8cm，最大9cm，最小7cm；心土层厚度平均46cm，最大68cm，最小22cm；黏土层厚度平均45.5cm，最大47cm，最小44cm。

三普的1个表层土壤农化样分析结果统计显示：土壤pH 7.2，土壤有机质含量21.30g/kg、全氮1.24g/kg、有效磷8.0mg/kg、速效钾139.00mg/kg，阳离子交换量23.89cmol(+)/kg，土壤容重1.37g/cm³。

3.7.3 典型剖面　典型剖面样为1983年3月9日采自柳巷乡丁坝西南100m处。

理化性状：耕作层有机质含量14.1g/kg左右、全氮1.1g/kg左右、有效磷10mg/kg左右、速效钾120mg/kg左右，土壤容重1.43g/cm³，物理黏粒含量在50%以上，pH 7.5～8.2，如表3-38所示。

Ap1层，耕作层：0～13cm，浅黄灰色，质地黏土，小块状结构，土质稍紧，有贝壳侵入和中等石灰反应，pH 8.0。

Ap2层，犁底层：13～21cm，棕灰色，质地黏土，块状结构，土质紧实，有强石灰反应，pH 8.3。

Br1层，氧化还原层：21～64cm，灰棕色，质地黏土，棱块状结构，土质紧实，有胶膜和铁锰结核，pH 7.8。

Br2层，氧化还原层：64～93cm，黄棕色，质地黏土，棱块状结构，土质紧实，pH 7.4。

Bt层，黏化层：93～120cm，棕黄色，质地黏土，棱块状结构，土质紧实，pH 7.2。

表3-38　马肝底石灰性潮黏土土壤剖面理化性状分析

剖面层次	取样深度（cm）	有机质（g/kg）	全氮（g/kg）	全磷（g/kg）	全钾（g/kg）	有效磷（mg/kg）	速效钾（mg/kg）	pH
Ap1	0～13	12.4	0.86	0.38	17.0	3	117	8.2
Ap2	13～21	7.9	0.64	0.38	17.7	3	110	8.1
Br1	21～64	5.9	0.45	0.23	17.7	2	114	8.1
Br2	64～93	2.6	0.31	0.09	17.5	2	96	7.4
Bt	93～120	3.5	0.32	0.08	17.8	1	98	7.2

剖面层次	容重（g/cm³）	阳离子交换量[cmol(+)/kg]	机械组成（%）					土壤质地
			0.05～1.0mm	0.01～0.05mm	0.005～0.01mm	0.001～0.005mm	0.001mm以下	
Ap1	1.26	16.7	15.20	31.48	8.24	11.77	29.74	重壤土
Ap2	1.47	17.2	20.77	11.11	27.56	7.44	33.12	轻壤土
Br1		21.7	7.95	16.21	21.86	9.09	40.23	轻黏土
Br2		23.4	9.74	20.54	15.71	11.24	40.26	轻黏土
Bt		23.8	14.94	21.29	13.21	10.44	40.12	轻黏土

3.7.4 生产性能评述 上下层质地黏重，耕性差，适耕期2～3d，有后劲无前劲，该土种保肥保水性能好，有效磷含量较低，前期供肥能力差，施肥见效快。增施有机肥，加深耕作层，改良耕作层土壤物理性状，增加磷肥施用量，平衡土壤养分供给，不断提高土壤肥力。

3.8 表湖淤潮黏土

3.8.1 归属与分布 二普的土种名称为湖淤土。土壤发生学分类：潮土土类，典型潮土亚类，石灰性潮黏土土属，表湖淤潮黏土土种。中国土壤系统分类：雏形土土纲，潮湿雏形土亚纲，淡色潮湿湿雏形土土类，石灰淡色潮湿雏形土亚类。主要分布在女山湖镇、潘村镇等乡镇，地处黄泛沉积物边缘与湖相沉积物接壤处，海拔10m左右，面积1 961.83hm²，为耕种旱地。

3.8.2 主要性状 该土种的母质为黄泛沉积物，湖相沉积物覆盖在黄泛沉积物母质之上，厚度为10～20cm，土壤剖面为Ap1–Ap2–Br型，除表层外，其性状与古饶淤土类似。湖相沉积物与黄泛沉积物有明显的过渡界限，上层无石灰反应，而下层石灰反应强烈。土壤质地为壤土–黏壤土–粉壤土，耕作层为粒状、团块状结构。

三普的16个表层土壤农化样分析结果统计显示：土壤耕作层厚度19.7cm，土壤pH7.1，土壤有机质含量23.35g/kg、全氮1.31g/kg、有效磷10.69mg/kg、速效钾165.00mg/kg，阳离子交换量24.72cmol(+)/kg，土壤容重1.27g/cm³。

3.8.3 调查剖面 剖面样点位于潘村镇太平村，地形部位为低阶地，采样时间为2022年8月25日，土壤剖面如图3–6所示。成土母质为河湖相沉积物，土地利用方式为旱地，轮作制度为小麦–大豆轮作。有效土层厚度120cm，土体厚度120cm，土体构型通体为壤土发生层数4层，耕作层厚度12cm，野外为采用润色态比色。土壤理化性状如表3–39至表3–45所示。

Ap1层，耕作层：0～12cm，黑棕色（10YR3/2，润），植物根系少、中等，为草本活根根系，质地黏壤土，粒状结构、小，发育程度中等，结持性极疏松，无新生体斑纹、胶膜，无矿物瘤状结核，无磐层胶结，无滑擦面，无侵入体，未见土壤动物，无石灰反应，未见亚铁反应，酸碱性为中性。

Ap2层，犁底层：12～21cm，浊黄棕色（10YR4/3，润），植物根系少、细，为草本活根根系，质地黏壤土，团块状结构，土壤结构大小片状、厚，发育程度中等，结持性坚实，无新生体斑纹、胶膜，无矿物瘤状结核，无磐层胶结，无滑擦面，无侵入体，

图3–6 表湖淤潮黏土的土壤剖面
（潘村镇太平村）

未见土壤动物，有中度石灰反应，未见亚铁反应，酸碱性为碱性。

Br1层，氧化还原层：21～55cm，黄棕色（10YR5/6，润），植物根系很少、细，为草本活根根系，质地黏壤土，棱块状结构、大，发育程度中等，结持性坚实，新生体斑纹很少且小，位于结构体表面，为铁/锰组成，无新生体胶膜，无矿物瘤状结核，无磐层胶结，无滑擦面，很少贝壳侵入体，未见土壤动物，有强石灰反应，未见亚铁反应，酸碱性为碱性。

Br2层，氧化还原层：55～100cm，棕色（10YR4/4，润），植物根系很少、极细，为草本活根根系，质地粉壤土，棱块状结构、很大，发育程度中等，结持性很坚实，新生体斑纹少且小，位于结构体表面，为铁/锰组成，无新生体胶膜，无矿物瘤状结核，无磐层胶结，无滑擦面，无侵入体，未见土壤动物，有强石灰反应，未见亚铁反应，酸碱性为碱性。

表3-39　表湖淤潮黏土（潘村镇太平村）土壤剖面形态学信息

剖面层次	取样深度（cm）	野外润态色调	野外润态明度	野外润态彩度	根系丰度	土壤质地	结构	发育程度	结持性	新生体丰度	新生体斑纹组成物质
Ap1	0～12	10YR	3	2	中等	黏壤土	粒状	中等	极疏松	无	
Ap2	12～21	10YR	4	3	少	黏壤土	团块状	中等	坚实	无	
Br1	21～55	10YR	5	6	很少	黏壤土	棱块状	中等	坚实	少	铁/锰
Br2	55～100	10YR	4	4	很少	粉壤土	棱块状	中等	很坚实	少	铁/锰

表3-40　表湖淤潮黏土（潘村镇太平村）容重与质地

剖面层次	容重（g/cm³）				机械组成（%）				土壤质地
	1	2	3	平均	0.002mm以下	0.002～0.02mm	0.02～0.2mm	0.2～2mm	
Ap1	1.30	1.18	1.22	1.23	18.5	18.5	62.6	0.4	砂质黏壤土
Ap2	1.32	1.32	1.34	1.33	26.0	56.9	16.6	0.5	壤质黏土
Br1	1.33	1.27	1.29	1.30	39.9	37.1	22.8	0.2	粉砂质黏土
Br2	1.35	1.32	1.28	1.32	41.5	48.6	9.7	0.2	粉砂质黏土

表3-41　表湖淤潮黏土（潘村镇太平村）表层土壤水稳性大团聚体含量

水稳性大团聚体直径	质量比例（%）	水稳性大团聚体直径	质量比例（%）
＜0.25mm	7.1	2～3mm	10.4
0.25～0.5mm	7.2	3～5mm	17.3
0.5～1mm	17.2	5mm以上	21.4
1～2mm	19.5		

表3-42 表湖淤潮黏土（潘村镇太平村）土壤交换性养分含量

剖面层次	含水量（%）	pH	交换性酸总量 [cmol(H⁺+1/3Al³⁺)/kg]	交换性氢离子 [cmol(H⁺)/kg]	交换性铝离子 [cmol(1/3Al³⁺)/kg]	阳离子交换量 [cmol(+)/kg]
Ap1	4.8	6.29	<0.10	<0.10	<0.10	53.33
Ap2	1.9	8.37	<0.10	<0.10	<0.10	15.60
Br1	3.4	8.27	<0.10	<0.10	<0.10	23.66
Br2	2.3	8.26	<0.10	<0.10	<0.10	16.65

剖面层次	交换性盐基总量 [cmol(+)/kg]	交换性钙 [cmol(+)/kg]	交换性镁 [cmol(+)/kg]	交换性钠 [cmol(+)/kg]	交换性钾 [cmol(+)/kg]	水溶性盐总量（g/kg）	电导率（mS/cm）
Ap1	48.0	35.4	7.78	0.81	0.80	0.30	0.08
Ap2	11.5	7.09	3.42	0.63	0.40	0.56	0.14
Br1	18.1	11.1	6.07	0.59	0.32	0.79	0.18
Br2	11.8	8.43	2.35	0.59	0.40	0.65	0.15

表3-43 表湖淤潮黏土（潘村镇太平村）土壤水溶性养分含量

剖面层次	水溶性钠离子 [cmol(Na⁺)/kg]	水溶性钾离子 [cmol(K⁺)/kg]	水溶性钙离子 [cmol(1/2Ca²⁺)/kg]	水溶性镁离子 [cmol(1/2Mg²⁺)/kg]
Ap1	0.075	0.014	0.46	0.06
Ap2	0.213	0.007	0.46	0.20
Br1	0.284	0.006	0.59	0.25
Br2	0.181	0.009	0.49	0.21

剖面层次	水溶性碳酸根 [cmol(1/2CO₃²⁻)/kg]	水溶性碳酸氢根 [cmol(HCO₃⁻)/kg]	水溶性硫酸根 [cmol(1/2SO₄²⁻)/kg]	水溶性氯离子 [cmol(Cl⁻)/kg]	离子总量（g/kg）
Ap1	<0.01	0.11	0.11	0.09	0.27
Ap2	0.04	0.43	0.17	0.09	0.55
Br1	0.04	0.44	0.39	0.14	0.73
Br2	0.07	0.50	0.20	0.09	0.63

表3-44 表湖淤潮黏土（潘村镇太平村）土壤全量养分含量

剖面层次	有机质（g/kg）	碳酸钙（g/kg）	全氮（g/kg）	全磷（g/kg）	全钾（g/kg）	全硫（g/kg）	全硼（mg/kg）	全铁（mg/kg）
Ap1	41.5	5	2.430	0.76	26.4	0.18	45.18	4.74×10⁴
Ap2	7.12	73	0.576	0.64	26.0	0.16	52.90	4.19×10⁴
Br1	10.3	65	0.725	0.51	21.6	0.17	48.03	4.38×10⁴
Br2	8.56	168	0.585	0.69	26.1	0.19	51.49	4.06×10⁴

剖面层次	全锰（mg/kg）	全铜（mg/kg）	全锌（mg/kg）	全钼（mg/kg）	全铝（%）	全硅（%）	全钙（%）	全镁（%）
Ap1	408	47.3	115.0	0.978	11.1	30.3	0.88	1.38
Ap2	759	37.6	89.9	0.823	8.51	32.4	1.69	0.71
Br1	756	39.5	94.4	1.060	9.44	34.6	3.14	1.44
Br2	1 160	41.2	93.5	1.100	6.70	28.1	6.25	1.57

表3-45　表湖淤潮黏土（潘村镇太平村）土壤有效养分含量（mg/kg）

剖面层次	有效磷	缓效钾	速效钾	有效硫	有效铁	有效锰	有效铜	有效锌	有效硼	有效钼
Ap1	25.9	1 146	143	36.8	63.0	4.1	6.89	1.36	0.80	0.08
Ap2	2.6	738	112	19.6	1.8	1.3	1.47	0.08	0.47	0.07
Br1	1.6	796	141	43.3	1.9	1.2	1.73	0.11	0.51	0.09
Br2	6.0	788	173	18.7	2.1	0.8	0.80	0.07	0.45	0.08

3.8.4　生产性能评述　表湖淤潮黏土肥沃，有机质较丰富，耕性尚好，土壤保肥蓄水性好，发苗快，结实率高，作物长势好，土壤耐旱，干旱年份照常保收；不耐涝，夏季汛期常受溃受淹。土壤适种面较广，春季种小麦，夏季种大豆，大豆施肥较少，小麦产量约9 000kg/hm²、大豆产量约2 400kg/hm²，应做好防涝，水源条件充足的地方可改种水稻。

3.9　均质灰潮黏土

3.9.1　归属与分布　二普的土种名称为河泥土。土壤发生学分类：潮土土类，灰潮土亚类，灰潮黏土土属，均质灰潮黏土土种。中国土壤系统分类：雏形土土纲，潮湿雏形土亚纲，淡色潮湿雏形土土类，水耕淡色潮湿雏形土亚类。主要分布在自来桥镇，地处河流两岸下游平缓地带，海拔39～200m，面积1 207.24hm²。

3.9.2　主要性状　该土种母质为河流冲积物，后经人为耕作熟化发育而成，河流冲积物厚薄不均，一般为50～70cm，即可出现下蜀黄土，界线整齐分明。土壤剖面为Ap1-Ap2-Br型，可见少量的铁锰结核和螺壳，有夜潮现象，壤质黏土或粉砂质黏土。土体上层屑粒状或小块状结构，灰黄色或暗黄色；下层块状结构，暗黄棕色，结构体表面上有大量连续胶膜和少量铁锰结核。土体构型通体为壤土，有粒状、块状、团粒状、团块状、棱块状结构。耕作层较厚，一般厚度为13～14cm，最大16cm，最小10cm；表层土壤不含砾石，压实层发育较好，厚度平均8.4cm，最大15cm，最小4cm；心土层灰色，有具光泽的胶膜，厚度平均30.8cm，最大61cm，最小13cm；底土层有少量锈斑，厚度平均35.7cm，最大55cm，最小16cm。全剖面呈中性反应，pH 6.5～7.0，无障碍层次，土体中均有铁锰结核。有效土层厚度112cm，土体厚度112cm。

均质灰潮黏土（二普的河泥土）养分含量一般，属中等肥力。二普的农化样统计，耕作层土壤有机质含量11.0g/kg、全氮0.80g/kg、有效磷7mg/kg以上、速效钾90.0mg/kg左右，土壤容重1.58g/cm³，黏粒含量在50%以上，pH 6.5～7.0，如表3-46所示。

三普的8个表层土壤农化样分析结果统计显示：土壤耕作层厚度20.0cm，土壤pH 6.0，土壤有机质含量17.65g/kg、全氮1.22g/kg、有效磷18.10mg/kg、速效钾166.63mg/kg、阳离子交换量26.84cmol(+)/kg，土壤容重1.26g/cm³。

3.9.3　典型剖面　典型剖面样为1984年5月17日采自洪庙乡莱郢村夏于东北200m处，形态描述如下。

Ap1层，耕作层：0～14cm，灰黄色，质地壤土，小块状结构，有少量贝壳侵入，有铁锰结核，pH 6.5。

Ap2层，犁底层：14～23cm，灰棕色，质地壤土，块状结构，有少量铁锰结核，pH 6.8。

Br1层，氧化还原层：23～61cm，暗灰色，质地重壤土，棱块状结构，土质稍紧，有少量铁锰结核，pH 6.9。

Br2层，氧化还原层：61～112cm，黄灰色，质地黏土，棱块状结构，有少量铁锰结核，pH 7.0。

表3-46　均质灰潮黏土土壤剖面理化性状分析

剖面层次	取样深度（cm）	有机质（g/kg）	全氮（g/kg）	全磷（g/kg）	全钾（g/kg）	有效磷（mg/kg）	速效钾（mg/kg）	pH
Ap1	0～14	11.1	0.80	0.36	15.2	7	80	6.9
Ap2	14～23	8.4	0.75	0.39	15.5	12	94	6.5
Br1	23～61	3.7	0.40	0.29	15.5	7	89	6.7
Br2	61～112	3.5	0.37	0.29	16.4	10	84	7.1

剖面层次	容重（g/cm³）	阳离子交换量［cmol(+)/kg］	机械组成（%）					土壤质地
			0.05～1.0mm	0.01～0.05mm	0.005～0.01mm	0.001～0.005mm	0.001mm以下	
Ap1	1.58	16.5	10.72	27.72	30.20	9.52	21.80	壤土
Ap2		16.7	6.32	26.92	33.14	9.26	24.36	壤土
Br1		15.8	3.07	26.00	32.08	11.62	26.40	重壤土
Br2		1.8	3.85	21.25	39.27	11.32	24.31	黏土

3.9.4　生产性能综述　均质灰潮黏土土色暗，群众称为"杂色土"，质地黏重。耕性较差，难耕耙，保蓄力较强，有效磷含量高。该土淹水挂淤就肥，挂不上淤反被冲刷，养分随水冲走，土壤肥力中等，潜在肥力比较高，施肥见效不快，抗旱性强，但不耐滞，怕渍。初春由于地下水的影响，土温回升慢，出苗不齐，而且发棵也迟，但后劲比较足。结实率较高，品质较好，一般不施有机肥料，施化肥以复合肥为主，土壤宜种旱粮，如小麦、玉米等作物。较高的地块，棉花长势也好，不宜种花生、芝麻、甘薯等不耐渍的作物。应注意整修水利设施，防洪除涝，增施有机肥料，进一步提高土壤肥力，搞好旱改水工作，变旱作为水旱轮作。

3.10　壤质夹砂灰潮土

3.10.1　归属与分布　二普的土种名称为砂心砂泥土。土壤发生学分类：潮土土类，灰潮土亚类，灰潮壤土土属，壤质夹砂灰潮土土种。中国土壤系统分类：雏形土土纲，潮湿雏形土亚纲，淡色潮湿雏形土土类，普通淡色潮湿雏形土亚类。主要分布在明西街道、明光街道，地处南沙河、池河稍高地带，耕作层深厚，多为中壤土，灰黄色或黄灰色，土壤剖面层次不明显，面积14.46hm²。

3.10.2　主要性状　剖面中有大于10cm的砂层，土壤pH 6.0～7.0，其他性状与砂泥土相似。壤质夹砂灰潮土（二普的砂心砂泥土）耕作层厚度平均13.7cm，最大15cm，最小11cm；压实层厚度平均9.6cm，最大11cm，最小9cm；砂土层厚度平均21.4cm，最大27cm，最小19cm；底土层厚度平均37.1cm，最大51cm，最小10cm。土壤质地为壤土－砂土－壤土型。二普的农化样统计显示：壤质夹砂灰潮土（二普的砂心砂泥土）有机质含量平均10.1g/kg，最大13.4g/kg，最小8.4g/kg；全氮含量平均0.8g/kg，最大1.1g/kg，最小0.6g/kg；有效磷含量平均8mg/kg，最大13mg/kg，最小6mg/kg；速效钾含量平均121mg/kg，最大141mg/kg，最小84mg/kg。

三普的2个表层土壤农化样分析结果统计显示：土壤耕作层厚度21.5cm，土壤pH 6.7，土壤有机质含量24.80g/kg、全氮1.39g/kg、有效磷13.55mg/kg、速效钾166.50mg/kg，阳离子交换量28.43cmol(+)/kg，土壤容重1.27g/cm^3。

3.10.3　典型剖面　典型剖面样为1981年8月20日采自马岗乡湾村东北处，形态描述如下。

Ap1层，耕作层：0～15cm，黄灰色，质地轻壤土，块状结构，土质稍紧，pH 6.4。

Ap2层，犁底层：15～24cm，浅灰黄色，质地中壤土，块状结构，土质紧实，pH 6.8。

Br1层，氧化还原层：24～65cm，灰黄色，质地砂土，单粒状结构，土质紧实，pH 7.0。

Br2层，氧化还原层：65～82cm，灰黄色，质地中壤土，块状结构，土质紧实，pH 6.8。

Br3层，氧化还原层：82～110cm，深灰色，质地中壤土，块状结构，有锈纹，土质紧实，pH 7.2。

3.10.4　生产性能综述　壤质夹砂灰潮土肥力低于砂泥土，耕性比砂泥土好，适耕期为4～6d，漏水漏肥，施肥要以农家肥为主，化肥采用少量多次的方法，可提高利用率。要采取深翻，改造砂层，提高地力。

4 石灰岩土

石灰岩土土类属初育土土纲，石质初育土亚纲。石灰岩土土类是明光市分布面积较小的隐域土之一，为非地带性土壤。主要分布在明光市苏巷镇东南和古沛镇西北部，范围小，面积173.65hm²，占全市各土类总面积的0.11%。母质为大理岩的风化物，在弱的风化过程中碳酸盐大部分随水淋失，土体中无石灰反应，土体浅薄，多为红棕色，并有少量石砾，有机质积累少。

4.1 七里鸡肝土

4.1.1 归属与分布 二普的土种名称为中层棕色石灰土。土壤发生学分类：石灰岩土土类，棕色石灰土亚类，棕色石灰土土属，七里鸡肝土土种。中国土壤系统分类：淋溶土土纲，湿润淋溶土亚纲，钙质湿润淋溶土土类，普通钙质湿润淋溶土亚类。仅分布在桥头镇，地处石灰岩丘陵区下部较为平缓的坡地及谷地上段，面积173.65hm²，为耕种旱地。

4.1.2 主要性状 该土种的母质为大理岩残坡积物，分布位置略低于轻砾质中层棕色石灰土。水土流失现象轻微，土体厚度30～60cm，土壤剖面为Ap1-Ap2-C型，有的剖面有淋溶淀积现象。土体中游离的碳酸盐已淋失或剩余很少，耕作层土壤有机质含量较高，土壤颜色较暗，为暗红棕色，具屑粒结构。土体发育较好，犁底层薄，渗漏适中，淋溶淀积现象明显，心土层有灰棕色胶膜，薄而有光泽，但不连续。土体无障碍层次，剖面上下均有少量铁锰结核，棕褐色，似绿豆大小，无光泽。土壤质地为重壤土-重壤土-重壤土，土体上部石灰反应微弱，下部石灰反应强烈，耕作层pH 7.0左右，随剖面加深，pH增加到7.8左右。二普的耕作层土壤厚度平均12.9cm，犁底层厚度平均9.7cm。农化样统计，耕作层土壤有机质含量13.4g/kg、全氮0.96g/kg、有效磷13.0mg/kg、速效钾167.0mg/kg。

三普的5个表层土壤农化样分析结果统计显示：土壤耕作层厚度15.4cm，土壤pH 5.5，土壤有机质含量18.42g/kg、全氮1.07g/kg、有效磷29.26mg/kg、速效钾133.80mg/kg，阳离子交换量22.56cmol(+)/kg，土壤容重1.29g/cm³。

4.1.3 典型剖面 采自明光市苏巷东南300m处，采样时间为1983年11月7日。植被为农作物。土体中含有少量石砾。

Ap1层，耕作层：0～14cm，浅灰棕色，质地重壤土，团块状结构，土质稍紧，含有少量铁锰结核和小石砾，pH 7.4。

Ap2层，犁底层：14～21cm，灰棕色，质地重壤土，小块状结构，土质紧实，有灰棕色胶膜，石灰反应微弱，pH 7.5。

C层，母质层：21～53cm，棕灰色，质地黏土，小块状结构，土质紧实，有石灰反应，pH 7.9。

4.1.4　生产性能综述　该土种地处丘陵岗地的岗顶或缓坡地段，由大理岩残坡积物发育而成，土壤色泽发暗，肥力中等，保肥性较好，耕作层土壤质地黏重，耕性差，适耕期较短。土性偏暖，供肥性能较好，既发小苗，又发老苗，土壤分布位置地势较高，往往无灌溉水源，易受旱，适宜种植小麦、芝麻、甘薯等耐旱作物。

5　火山灰土

　　火山灰土土类是由火山灰母质发育的各种土壤。该土类面积14 414.14hm²，占全市各土类总面积的8.98%。主要分布在由玄武岩等基性岩构成的中嘉山、小嘉山、小横山、女山、官山等地。成土时间长、发育程度较深的火山灰土，已有明显的剖面分化，表层有机质含量较高，土色暗灰，肥力颇高。土壤孔隙度高，质地较粗，易受侵蚀，土层深厚，适合旱作作物的种植。

5.1　砾质鸡粪土

5.1.1　归属与分布　二普的土种名称为中层暗石土、中层暗石黄棕壤、中层暗石黄棕壤性土、暗石粗骨土。土壤发生学分类：火山灰土土类，基性岩火山灰土亚类，基性岩火山砾泥土土属，砾质鸡粪土土种。中国土壤系统分类：火山灰土土纲，湿润火山灰土亚纲，简育湿润火山灰土土类，石质简育湿润火山灰土亚类。主要分布在涧溪镇、自来桥镇等乡镇，地处玄武岩丘陵区中上部，面积8 418.99hm²，为耕种旱地或林业用地。

5.1.2　主要性状　该土种的母质为玄武岩等风化的残坡积物，土壤剖面为A-（B）-C或A-AC型，土体厚度30～60cm，土层薄，砾石多，表层有2cm左右的风化层，岩屑似蚕豆大小的碎颗粒，部分土体有较明显的淋溶淀积现象，结构面上可见似油菜籽大小的铁锰结构，少部分土体有少量基岩出露，基岩出露间距较近，砂壤土至黏壤土。

　　二普的农化样统计显示：耕作层土壤有机质含量1.12g/kg、全氮0.083g/kg、有效磷11mg/kg、速效钾136mg/kg。

　　三普的72个表层土壤农化样分析结果统计显示：土壤耕作层厚度18.5cm，土壤pH 5.7，土壤有机质含量21.31g/kg、全氮1.27g/kg、有效磷23.80mg/kg、速效钾163.67mg/kg，阳离子交换量30.60cmol(+)/kg，土壤容重1.26g/cm³。

5.1.3　调查剖面　采自明光市自来桥镇梅花村丘陵坡上部位，海拔66.2m，采样时间为2022年10月21日，母质为辉长岩等的残坡积物。年均温度15.0℃，年降水量849mm，无霜期232d，≥10℃活动积温4 829℃。植被为农作物。

　　土壤剖面如图5-1所示，土地利用

图5-1　砾质鸡粪土的土壤剖面
（自来桥镇梅花村）

类型为旱地，表层土壤含10%砾石。一年两熟，第一季花生，第二季休耕，当季作物为花生。季节性休耕，休耕频次为5。边界清晰，边界过渡平滑，耕作层厚度8cm。耕作层土壤有机质含量达12.4g/kg，阳离子交换量32.25cmol(+)/kg，土壤保肥力弱。交换性盐基离子含量27.7cmol(+)/kg，土壤盐基不饱和，土壤pH 5.87，呈酸性，土壤全氮含量0.827g/kg、有效磷13.9mg/kg，速效钾偏高，达140mg/kg，如表5-1至表5-7所示。

A层，耕作层：0～8cm，灰黄棕色（10YR4/2，润），质地砂壤土，粒状结构，土壤发育程度弱（保留部分母质特征），土内砾石丰度为10%，砾石较小，为棱角状，微分化，土质松散，根系少、极细，为草本活根根系，土壤呈酸性。

AC层，过渡层：8～26cm，亮黄棕色（10YR6/6，润），质地砂土，粒状结构，土壤发育程度很弱（保留大部分母质特征），土内砾石丰度为50%，砾石大小中等，为次棱角状，微分化，土质疏松，根系很少、极细，为草本活根根系，土壤呈中性。

表5-1　砾质鸡粪土（自来桥镇梅花村）土壤剖面形态学信息

剖面层次	取样深度（cm）	野外润态色调	野外润态明度	野外润态彩度	根系丰度	土壤质地	结构	发育程度	结持性	酸碱性
A	0～8	10YR	4	2	少	砂壤土	粒状	弱	松散	酸性
AC	8～26	10YR	6	6	很少	砂土	粒状	很弱	疏松	中性

表5-2　砾质鸡粪土（自来桥镇梅花村）土壤容重与质地

剖面层次	容重（g/cm³）	机械组成（%）				土壤质地
		0.002mm以下	0.002～0.02mm	0.02～0.2mm	0.2～2mm	
A	1.28	12.7	28.2	30.3	28.8	砂质壤土
AC	1.39	16.1	63.6	19.3	1.0	粉砂质黏壤土

表5-3　砾质鸡粪土（自来桥镇梅花村）土壤交换性养分含量

剖面层次	含水量（%）	pH	交换性酸总量 [cmol(H^++1/3Al^{3+})/kg]	交换性氢离子 [cmol(H^+)/kg]	交换性铝离子 [cmol(1/3Al^{3+})/kg]	阳离子交换量 [cmol(+)/kg]
A	3.5	5.87	0.35	<0.10	0.35	32.25
AC	6.4	6.42	<0.10	<0.10	<0.10	42.29

剖面层次	交换性盐基总量 [cmol(+)/kg]	交换性钙 [cmol(+)/kg]	交换性镁 [cmol(+)/kg]	交换性钠 [cmol(+)/kg]	交换性钾 [cmol(+)/kg]	水溶性盐总量（g/kg）	电导率（mS/cm）
A	27.7	20.6	5.81	0.27	0.41	0.55	0.13
AC	33.9	21.3	11.4	0.32	0.41	0.21	0.04

表5-4 砾质鸡粪土（自来桥镇梅花村）土壤水溶性养分含量

剖面层次	水溶性钠离子 [cmol(Na$^+$)/kg]	水溶性钾离子 [cmol(K$^+$)/kg]	水溶性钙离子 [cmol(1/2Ca^{2+})/kg]	水溶性镁离子 [cmol(1/2Mg^{2+})/kg]
A	0.051	0.007	0.32	0.24
AC	0.069	0.005	0.10	0.07

剖面层次	水溶性碳酸根 [cmol(1/2CO$_3^{2-}$)/kg]	水溶性碳酸氢根 [cmol(HCO$_3^-$)/kg]	水溶性硫酸根 [cmol(1/2SO$_4^{2-}$)/kg]	水溶性氯离子 [cmol(Cl$^-$)/kg]	离子总量 （g/kg）
A	0.02	0.12	0.04	0.04	0.22
AC	0.02	0.09	0.04	0.04	0.14

表5-5 砾质鸡粪土（自来桥镇梅花村）土壤全量养分含量

剖面层次	有机质 （g/kg）	碳酸钙 （g/kg）	全氮 （g/kg）	全磷 （g/kg）	全钾 （g/kg）	全硫 （g/kg）	全硼 （mg/kg）	全铁 （mg/kg）
A	12.40	5	0.827	2.48	20.2	0.13	10.37	1.05×10^5
AC	6.95	11	0.683	2.07	13.0	0.12	22.64	1.06×10^5

剖面层次	全锰 （mg/kg）	全铜 （mg/kg）	全锌 （mg/kg）	全钼 （mg/kg）	全铝 （%）	全硅 （%）	全钙 （%）	全镁 （%）
A	2 233	82.4	144	3.059	7.59	25.4	3.41	2.33
AC	1 982	86.9	152	2.840	12.30	18.7	3.62	2.29

表5-6 砾质鸡粪土（自来桥镇梅花村）土壤有效养分含量（mg/kg）

剖面层次	有效磷	缓效钾	速效钾	有效硫	有效铁	有效锰	有效铜	有效锌	有效硼	有效钼
A	13.9	187	140	10.15	31.7	40.9	1.20	0.40	0.20	0.03
AC	7.6	174	66	9.79	22.6	24.1	0.60	0.31	0.08	0.07

表5-7 砾质鸡粪土（自来桥镇梅花村）表层土壤水稳性大团聚体分析（%）

样品类型	水稳性大团聚体1 （0.25mm以下）	水稳性大团聚体2 （0.25~0.5mm）	水稳性大团聚体3 （0.5~1mm）	水稳性大团聚体4 （1~2mm）	水稳性大团聚体5 （2~3mm）	水稳性大团聚体6 （3~5mm）	水稳性大团聚体7 （5mm以上）	水稳性大团聚体总和
水稳性大团聚体样品	42.8	17.1	13.2	10.7	8.2	8.1	0.0	57.2

5.1.4 生产性能综述 该土种地处低山丘陵的坡上部位，由辉长岩等残坡积物发育而成的土壤。母质为岩石风化物，土壤剖面为A-（AC）-C型，在较薄的A层下，为不同厚薄的风化碎屑物，土体中砾石含量高，风化碎屑物裸露，显粗骨特征，无淋溶淀积层发育，具有母岩特征。全土层多为砂壤土，土壤色泽发暗，肥力较低，土层薄，一般种植花生或甘蔗，长势差，产量低。土壤所处地势较高，水土流失严重，砾石含量多，应重视水土保持。

5.2 嘉山鸡粪土

5.2.1 归属与分布 二普的土种名称为中层暗石土、厚层暗石土。土壤发生学分类：火山灰土土类，基性岩火山灰土亚类，基性岩火山泥土土属，嘉山鸡粪土土种。中国土壤系统分类：火山灰土土纲，湿润火山灰土亚纲，简育湿润火山灰土类，普通简育湿润火山灰土亚类。主要分布在涧溪镇、自来桥镇等乡镇，地处低丘的缓坡坡麓，海拔30～200m，面积5 995.15hm²，为耕种旱地。

5.2.2 主要性状 该土种的母质为玄武岩、片岩、页岩等的残坡积物。土壤剖面为Ap1-Ap2-Bt-C型。土壤质地为粉壤土-黏壤土，粒状、棱块状结构，淀积层或黏化淀积层以下有少量铁锰结核。土壤阳离子交换量20～40cmol(+)/kg，淀积层或黏化淀积层pH 7.0～8.0。土地利用类型为旱地，表层土壤不含砾石，土体厚度1m以上，有效土层厚度40～80cm。二普耕作层的土壤有机质含量11.0g/kg、全氮0.82g/kg、有效磷13.0mg/kg、速效钾152mg/kg，厚层暗石土的土壤有机质含量17.1g/kg、全氮1.12g/kg、有效磷20.0mg/kg、速效钾220mg/kg。

三普的48个表层土壤农化样分析结果统计显示：土壤耕作层厚度18.5cm，土壤pH 5.3，土壤有机质含量20.29g/kg、全氮1.26g/kg、有效磷37.59mg/kg、速效钾171.47mg/kg，阳离子交换量31.45cmol(+)/kg，土壤容重1.25g/cm³。

5.2.3 调查剖面

（1）采自明光市涧溪镇官山村丘陵坡麓，海拔34.9m，采样时间为2022年9月20日，母质为玄武岩的残坡积物。年均温度15.0℃，年降水量849mm，无霜期232d，≥10℃活动积温4 829℃。植被为农作物。土壤剖面性状如图5-2、表5-8至表5-14所示。

种植小麦和玉米，一年两熟，当季作物为玉米。常年作物产量水平，小麦8 250kg/hm²，玉米4 500kg/hm²，小麦秸秆全量还田，玉米秸秆不还田；小麦季施用氮肥和复合肥，玉米季施用复合肥。有效土层厚度120cm，土壤质地为黏壤土-粉砂质壤土-壤质黏土。边界清晰，边界过渡平滑，土体厚度1m以上。耕作层土壤有机质含量丰富，达24.6g/kg，阳离子交换量34.18cmol(+)/kg，土壤保肥力强。交换性盐基离子含量20.5cmol(+)/kg，土壤盐基不饱和，土壤pH 4.7，呈酸性。土壤全氮含量极为丰富（达1.6g/kg），有效磷丰富（达27.5mg/kg），速效钾偏高（达196mg/kg），养分供应能力强。

Ap1层，耕作层：0～17cm，亮黄棕色（10YR6/8，润），质地粉壤土，粒状结构，土质疏松，根系粗细中等，根系丰度中等，为草本活根根系。

Ap2层，犁底层：17～26cm，浊黄棕色（10YR5/4，

图5-2 嘉山鸡粪土的土壤剖面
（涧溪镇官山村）

润），质地黏壤土，棱块状结构，土质坚实，根系很少、细根，为草本活根根系。

Bt1层，黏化层：26～71cm，灰黄棕色（10YR4/2，润），质地黏壤土，棱块状结构，结构体表面分布有较多的小铁锰斑纹，土质疏松，根系少、细根，为草本活根根系。

Bt2层，黏化层：71～80cm，棕色（10YR4/4，润），质地粉壤土，棱块状结构，结构体表面分布有少量的小铁锰斑纹，土质疏松，根系少、细根，为草本活根根系。

Bt3层，黏化层：80～120cm，浊黄棕色（10YR4/3，润），质地黏壤土，棱块状结构，结构体表面分布有少量的小铁锰斑纹，土质坚实，根系少、细根，为草本活根根系。

表5-8　嘉山鸡粪土（涧溪镇官山村）土壤剖面形态学信息

剖面层次	取样深度（cm）	野外润态色调	野外润态明度	野外润态彩度	根系丰度	土壤质地	结构	发育程度	结持性	新生体丰度	新生体斑纹组成物质	酸碱性
Ap1	0～17	10YR	6	8	中等	粉壤土	粒状	中等	疏松	无		中性
Ap2	17～26	10YR	5	4	很少	黏壤土	棱块状	中等	坚实	无		中性
Bt1	26～71	10YR	4	2	少	黏壤土	棱块状	中等	疏松	多	铁/锰	中性
Bt2	71～80	10YR	4	4	少	粉壤土	棱块状	中等	疏松	很少	铁/锰	中性
Bt3	80～120	10YR	4	3	少	黏壤土	棱块状	中等	坚实	少	铁/锰	中性

表5-9　嘉山鸡粪土（涧溪镇官山村）土壤容重与质地

剖面层次	容重（g/cm³）	机械组成（%）			土壤质地
		0.002mm以下	0.002～0.02mm	0.02～0.2mm	
Ap1	1.19	20.7	35.8	40.3	黏壤土
Ap2	1.54	11.4	51.2	34.9	粉砂质壤土
Bt1	1.44	37.3	40.0	20.1	壤质黏土
Bt2	1.47	36.8	25.9	36.0	壤质黏土
Bt3	1.48	42.0	28.5	24.1	壤质黏土

表5-10　嘉山鸡粪土（涧溪镇官山村）土壤交换性养分含量

剖面层次	含水量（%）	pH	交换性酸总量 [cmol(H$^+$+1/3Al^{3+})/kg]	交换性氢离子 [cmol(H$^+$)/kg]	交换性铝离子 [cmol(1/3Al^{3+})/kg]	阳离子交换量 [cmol(+)/kg]
Ap1	2.8	4.70	3.68	2.29	1.39	34.18
Ap2	3.0	5.92	0.96	0.28	0.68	34.28
Bt1	4.2	7.59	＜0.10	＜0.10	＜0.10	24.31
Bt2	3.6	7.84	＜0.10	＜0.10	＜0.10	26.74
Bt3	5.0	7.88	＜0.10	＜0.10	＜0.10	32.13

剖面层次	交换性盐基总量 [cmol(+)/kg]	交换性钙 [cmol(+)/kg]	交换性镁 [cmol(+)/kg]	交换性钠 [cmol(+)/kg]	交换性钾 [cmol(+)/kg]	水溶性盐总量（g/kg）	电导率（mS/cm）
Ap1	20.5	12.9	6.17	0.43	0.63	0.66	0.16
Ap2	26.2	17.7	7.67	0.75	0.35	0.14	0.03
Bt1	17.3	12.5	4.01	0.41	0.35	0.20	0.04
Bt2	25.1	20.2	4.19	0.41	0.32	0.17	0.04
Bt3	18.3	10.4	7.09	0.67	0.23	0.18	0.04

表5–11　嘉山鸡粪土（涧溪镇官山村）土壤水溶性养分含量

剖面层次	水溶性钠离子 [cmol(Na⁺)/kg]	水溶性钾离子 [cmol(K⁺)/kg]	水溶性钙离子 [cmol(1/2Ca²⁺)/kg]	水溶性镁离子 [cmol(1/2Mg²⁺)/kg]
Ap1	0.051	0.048	0.380	0.230
Ap2	0.037	0.004	0.170	0.020
Bt1	0.053	1.053	2.053	3.053
Bt2	0.073	0.003	0.110	0.010
Bt3	0.099	1.099	2.099	3.099

剖面层次	水溶性碳酸根 [cmol(1/2CO₃²⁻)/kg]	水溶性碳酸氢根 [cmol(HCO₃⁻)/kg]	水溶性硫酸根 [cmol(1/2SO₄²⁻)/kg]	水溶性氯离子 [cmol(Cl⁻)/kg]	离子总量 (g/kg)
Ap1	0.070	0.060	0.150	0.260	0.051
Ap2	0.050	0.030	0.070	0.120	0.037
Bt1	5.053	6.053	7.053	8.053	0.053
Bt2	0.120	0.020	0.070	0.150	0.073
Bt3	5.099	6.099	7.099	8.099	0.099

表5–12　嘉山鸡粪土（涧溪镇官山村）土壤全量养分含量

剖面层次	有机质 (g/kg)	碳酸钙 (g/kg)	全氮 (g/kg)	全磷 (g/kg)	全钾 (g/kg)	全硫 (g/kg)	全硼 (mg/kg)	全铁 (mg/kg)
Ap1	24.60	5	1.600	0.47	17.2	0.12	35.37	4.45×10^4
Ap2	13.50	7	0.873	0.36	16.2	0.09	39.85	4.49×10^4
Bt1	5.36	5	0.378	0.36	15.0	0.01	28.12	3.11×10^4
Bt2	6.75	1	0.260	0.30	14.9	0.03	30.32	2.44×10^4
Bt3	5.93	4	0.301	0.30	16.9	0.02	37.98	6.14×10^4

剖面层次	全锰 (mg/kg)	全铜 (mg/kg)	全锌 (mg/kg)	全钼 (mg/kg)	全铝 (%)	全硅 (%)	全钙 (%)	全镁 (%)
Ap1	2 000	38.5	62.8	0.819	7.17	35.2	0.84	0.68
Ap2	1 880	36.9	57.5	0.723	7.47	41.5	0.88	0.69
Bt1	793	33.0	39.0	0.701	6.61	40.1	1.00	0.78
Bt2	462	29.1	30.6	0.793	6.35	41.1	0.95	0.71
Bt3	2 300	45.3	65.5	0.683	8.27	36.2	1.37	0.93

表5–13　嘉山鸡粪土（涧溪镇官山村）土壤有效养分含量

剖面层次	有效磷 (mg/kg)	缓效钾 (mg/kg)	速效钾 (mg/kg)	有效硫 (mg/kg)	有效硅 (mg/kg)	有效锰 (mg/kg)
Ap1	27.5	353.0	196.0	12.9	104.0	425.00
Ap2	3.2	4.2	5.2	6.2	8.2	9.20
Bt1	0.5	0.6	0.7	0.8	0.1	0.11
Bt2	0.7	305.0	85.0	4.7	2.0	0.50
Bt3	0.1	336.0	172.0	3.9	1.6	1.60

（续）

剖面层次	有效铜（mg/kg）	有效锌（mg/kg）	有效硼（mg/kg）	有效钼（mg/kg）	有效锰（mg/kg）	Fe₂O₃及游离铁（g/kg）
Ap1	2.31	1.08	0.26	0.07	24.29	27.5
Ap2	10.20	11.20	12.20	13.20	14.20	3.2
Bt1	0.12	0.13	0.14	0.15	0.16	0.5
Bt2	0.16	0.04	0.19	0.02	20.60	0.7
Bt3	0.61	0.05	0.04	0.06	29.56	0.1

表5-14　嘉山鸡粪土（涧溪镇官山村）土壤表层水稳性大团聚体分析（%）

样品类型	水稳性大团聚体1（0.25mm以下）	水稳性大团聚体2（0.25~0.5mm）	水稳性大团聚体3（0.5~1mm）	水稳性大团聚体4（1~2mm）	水稳性大团聚体5（2~3mm）	水稳性大团聚体6（3~5mm）	水稳性大团聚体7（5mm以上）	水稳性大团聚体总和
水稳性大团聚体样品	25.3	9.3	17.0	22.9	6.6	8.2	10.7	74.7

（2）采自明光市涧溪镇陡山村丘陵坡顶，海拔45.38m，采样时间为2022年9月1日，母质为玄武岩的残坡积物。年均温度15.0℃，年降水量849mm，无霜期232d，≥10℃活动积温4 829℃。植被为农作物。土壤剖面性状如图5-3、表5-15至表5-21所示。

土体中含有的铁锰结核多。剖面位于涧溪镇陡山村，地形部位为低丘的平地，海拔一般为30~200m。该土种的母质为残坡积物。土体色调10YR，室内干态明度5~7、干态彩度3~6，野外润态明度4~5、润态彩度2~3。土壤质地为壤土-黏土-壤土，粒状、棱块状结构，表层疏松，底层紧实。土地利用类型为旱地，表层土壤不含砾石，小麦-玉米轮作，一年两熟，当季作物为玉米。常年作物产量水平，小麦为6 750kg/hm²，玉米为3 000kg/hm²，小麦秸秆半量还田，花生秸秆不还田；小麦季施用尿素和复合肥，花生季施用花生专用复合肥。土体厚度130cm，有效土层厚度130cm。Ap1-Ap2间边界清晰，其余边界过渡渐变且平滑。耕作层土壤有机质缺乏，含量只有7.7g/kg，阳离子交换量24.59cmol(+)/kg，土壤保肥力强。交换性盐基离子含量21.2cmol(+)/kg，土壤盐基饱和度较高，土壤pH 6.93。土壤全氮含量缺乏，只有0.561g/kg；有效磷极缺，仅有2.0mg/kg；速效钾却丰富，达137mg/kg。养分供应能力一般。

Ap1层，耕作层：0~20cm，浊黄棕色（10YR5/3，润），质地壤土，团粒状结构，土质疏松，根系丰度中等，为草本活根根系。

图5-3　嘉山鸡粪土的土壤剖面（涧溪镇陡山村）

Ap2层，犁底层：20～33cm，灰黄棕色（10YR5/2，润），质地黏壤土，棱块状结构，土质坚实，根系很少、细根，为草本活根根系。

Bt1层，黏化层：33～56cm，灰黄棕色（10YR5/2，润），质地黏土，棱柱状结构，结构体表面分布有少量的小铁锰斑纹，土质坚实，根系很少、细根，为草本活根根系。

Bt2层，黏化层：56～87cm，灰黄棕色（10YR4/2，润），质地黏土，棱块状结构，结构体表面分布有少量的小铁锰斑纹，土质坚实，根系很少、细根，为草本活根根系。

Bt3层，黏化层：87～130cm，浊黄棕色（10YR4/3，润），质地黏壤土，棱块状结构，结构体表面分布有少量的小铁锰斑纹，土质坚实，根系无。

表5-15 嘉山鸡粪土（涧溪镇陡山村）土壤剖面形态学信息

剖面层次	取样深度（cm）	野外润态色调	野外润态明度	野外润态彩度	根系丰度	土壤质地	结构	发育程度	结持性	新生体丰度	新生体斑纹组成物质	酸碱性
Ap1	0～20	10YR	5	3	中等	壤土	团粒状	强	疏松	无		中性
Ap2	20～33	10YR	5	2	很少	黏壤土	棱块状	强	坚实	无		中性
Bt1	33～56	10YR	5	2	很少	黏土	棱柱状	强	坚实	少	铁/锰	中性
Bt2	56～87	10YR	4	2	很少	黏土	棱块状	强	坚实	少	铁/锰	中性
Bt3	87～130	10YR	4	3	无	黏壤土	棱块状	中等	坚实	少	铁/锰	中性

表5-16 嘉山鸡粪土（涧溪镇陡山村）土壤容重与质地

剖面层次	容重（g/cm³）	机械组成（%）				土壤质地
		0.002mm以下	0.002～0.02mm	0.02～0.2mm	0.2～2mm	
Ap1	1.28	26.6	31.6	38.3	3.5	壤质黏土
Ap2	1.37	46.6	35.6	17.1	0.7	黏土
Bt1	1.51	41.4	40.1	17.9	0.6	壤质黏土
Bt2	1.57	38.7	40.2	20.3	0.8	壤质黏土
Bt3	1.55	33.3	43.0	22.6	1.1	壤质黏土

表5-17 嘉山鸡粪土（涧溪镇陡山村）土壤交换性养分含量

剖面层次	含水量（%）	pH	交换性酸总量 [cmol(H⁺+1/3Al³⁺)/kg]	交换性氢离子 [cmol(H⁺)/kg]	交换性铝离子 [cmol(1/3Al³⁺)/kg]	阳离子交换量 [cmol(+)/kg]
Ap1	3.7	6.93	<0.10	<0.10	<0.10	24.59
Ap2	5.7	7.40	<0.10	<0.10	<0.10	33.02
Bt1	1.4	7.24	<0.10	<0.10	<0.10	39.43
Bt2	3.7	7.50	<0.10	<0.10	<0.10	23.44
Bt3	3.2	7.99	<0.10	<0.10	<0.10	24.84

（续）

剖面层次	交换性盐基总量 [cmol(+)/kg]	交换性钙 [cmol(+)/kg]	交换性镁 [cmol(+)/kg]	交换性钠 [cmol(+)/kg]	交换性钾 [cmol(+)/kg]	水溶性盐总量 （g/kg）	电导率 （mS/cm）
Ap1	21.2	14.1	6.40	0.43	0.50	0.20	0.050
Ap2	29.1	19.1	8.86	0.54	0.37	0.29	0.061
Bt1	28.0	18.2	8.39	0.70	0.38	0.34	0.079
Bt2	16.3	11.0	4.39	0.48	0.46	0.36	0.100
Bt3	18.1	10.2	6.68	0.78	0.40	0.34	0.080

表5-18　嘉山鸡粪土（涧溪镇陡山村）土壤水溶性养分含量

剖面层次	水溶性钠离子 [cmol(Na$^+$)/kg]	水溶性钾离子 [cmol(K$^+$)/kg]	水溶性钙离子 [cmol(1/2Ca^{2+})/kg]	水溶性镁离子 [cmol(1/2Mg^{2+})/kg]
Ap1	0.064	0.005	0.17	0.03
Ap2	0.174	0.006	0.09	0.07
Bt1	0.263	0.006	0.08	0.06
Bt2	0.389	0.005	0.13	0.01
Bt3	0.363	0.006	0.21	0.01

剖面层次	水溶性碳酸根 [cmol(1/2CO$_3^{2-}$)/kg]	水溶性碳酸氢根 [cmol(HCO$_3^-$)/kg]	水溶性硫酸根 [cmol(1/2SO$_4^{2-}$)/kg]	水溶性氯离子 [cmol(Cl$^-$)/kg]	离子总量 （g/kg）
Ap1	0.02	0.06	0.02	0.12	0.15
Ap2	0.02	0.18	0.03	0.16	0.26
Bt1	0.02	0.17	0.11	0.20	0.32
Bt2	<0.01	0.15	0.15	0.21	0.36
Bt3	<0.01	0.14	0.12	0.15	0.33

表5-19　嘉山鸡粪土（涧溪镇陡山村）土壤全量养分含量

剖面层次	有机质 （g/kg）	碳酸钙 （g/kg）	全氮 （g/kg）	全磷 （g/kg）	全钾 （g/kg）	全硫 （g/kg）	全硼 （mg/kg）	全铁 （mg/kg）
Ap1	7.70	7	0.561	0.29	17.4	0.05	44.71	3.74×10^4
Ap2	7.67	3	0.489	0.23	18.7	0.03	44.75	4.69×10^4
Bt1	3.53	4	0.390	0.16	17.7	0.06	74.98	3.90×10^4
Bt2	3.89	5	0.473	0.35	21.1	0.05	68.33	1.95×10^4
Bt3	4.14	4	0.373	0.25	22.0	0.04	48.03	4.04×10^4

剖面层次	全锰 （mg/kg）	全铜 （mg/kg）	全锌 （mg/kg）	全钼 （mg/kg）	全铝 （%）	全硅 （%）	全钙 （%）	全镁 （%）
Ap1	928	23.0	49.2	0.631	7.06	37.7	0.71	0.64
Ap2	430	30.2	68.0	0.680	10.5	29.9	0.53	0.81
Bt1	592	27.3	61.8	0.537	10.8	35.7	0.54	0.81
Bt2	266	22.5	33.7	0.630	7.19	39.3	0.64	0.82
Bt3	768	31.4	67.3	0.492	8.87	36.4	0.81	0.88

表5-20 嘉山鸡粪土（涧溪镇陡山村）土壤有效养分含量

剖面层次	有效磷（mg/kg）	缓效钾（mg/kg）	速效钾（mg/kg）	有效硫（mg/kg）	有效铁（mg/kg）	有效锰（mg/kg）	有效铜（mg/kg）	有效锌（mg/kg）	有效硼（mg/kg）	有效钼（mg/kg）	Fe_2O_3及游离铁（g/kg）
Ap1	2.0	624	137	17.80	3.8	12.7	1.15	0.20	0.13	0.06	24.05
Ap2	0.5	655	188	11.84	14.9	4.0	0.59	0.16	0.10	0.04	24.43
Bt1	0.6	692	181	14.49	14.7	7.6	0.73	0.22	0.07	0.03	22.03
Bt2	0.5	818	138	12.50	2.2	1.3	0.26	0.04	0.04	0.06	19.06
Bt3	0.7	806	166	5.10	1.6	2.6	0.96	0.11	0.08	0.06	18.68

表5-21 嘉山鸡粪土（涧溪镇陡山村）土壤表层水稳性大团聚体分析（%）

样品类型	水稳性大团聚体1（0.25mm以下）	水稳性大团聚体2（0.25~0.5mm）	水稳性大团聚体3（0.5~1mm）	水稳性大团聚体4（1~2mm）	水稳性大团聚体5（2~3mm）	水稳性大团聚体6（3~5mm）	水稳性大团聚体7（5mm以上）	水稳性大团聚体总和
水稳性大团聚体样品	52.4	9.9	10.0	15.3	6.8	0.0	5.6	74.7

5.2.4 典型剖面 采自明光市涧溪乡祝岗林场苹果园北200m，采样时间为1982年11月5日。土体中含有石砾。有效土层厚度21cm，耕作层厚度12cm，土壤质地为重壤土–重壤土–黏土，土壤暗棕色。二普的农化样统计显示：耕作层的土壤有机质含量11.0g/kg、有效磷13.0mg/kg、速效钾152.0mg/kg。

Ap1层，耕作层：0~12cm，暗棕色，质地重壤土，小块状结构，土质紧实，pH 6.2。

Bt层，黏化层：12~21cm，灰棕色，质地重壤土，块状结构，土质紧实，pH 6.4。

C层，母质层：21~55cm，棕灰色，质地重壤土，棱块状结构，土质紧实，pH 6.6。

5.2.5 生产性能综述 该土种为明光绿豆主产区土壤，地处低山丘陵缓坡地段，由玄武岩片岩、页岩等残坡积物上发育而成，土壤色泽发暗，肥力较高且保肥性好，土壤质地黏重，耕性差，适耕期短。土壤通透性不良，雨季滞水，不耐涝，但耐旱性好，在进行旱作物如绿豆生产的同时，应重视水土保持，多施有机肥并扩种或套种箭舌豌豆、肥田萝卜等旱地绿肥，不断培肥地力。

6 紫色土

紫色土属初育土土纲，石质初育土亚纲。紫色土土类是由紫色砾岩、砂岩、砂页岩等残坡积物发育而成。该土类面积2 900.13hm²，占全市各土类总面积的1.81%。土壤受母岩性质影响比较大，因母岩松脆、抗蚀力弱、物理风化作用强烈，成土过程经常被周期性的侵蚀所打断，阻止或延缓了土壤的正常发育，致使土壤发育处于幼年阶段。土壤全剖面色泽较均一，多为棕紫色，全剖面无明显的发生层，土壤颜色和其他理化性状的母质性表现强烈。

6.1 西山紫砂土

6.1.1 归属与分布 二普的土种名称为薄层紫砂土。土壤发生学分类：紫色土土类，中性紫色土亚类，紫壤土土属，西山紫砂土土种。中国土壤系统分类：雏形土土纲，湿润雏形土亚纲，紫色湿润雏形土土类，普通紫色湿润雏形土亚类。主要分布在潘村镇、古沛镇和桥头镇等乡镇，地处平缓低丘的顶部和上坡，面积1 029.33hm²，多为草地。

6.1.2 主要性状 该土种的母质为紫色砂岩和紫红色砾岩风化形成的残坡积物，土壤侵蚀严重，土层薄，厚度一般只有18～25cm，土壤剖面为A-C型，部分土体岩石露出地表，土体发育不良，A层缺失，风化层与土体无明显界限。土壤质地为砂壤土或轻壤土，红棕色，无明显结构，pH 6.5～7.5。

三普的13个表层土壤农化样分析结果统计显示：土壤耕作层厚度17.6cm，土壤pH 5.7，土壤有机质含量16.26g/kg、全氮0.93g/kg、有效磷22.69mg/kg、速效钾148.22mg/kg，阳离子交换量21.50cmol(+)/kg，土壤容重1.26g/cm³。

6.1.3 典型剖面 采自白米山农场东北300m处，采样时间为1983年7月20日。土壤剖面性状如表6-1所示，土体中含有大量石砾，有效土层厚度5cm，土体构型为砂壤土-轻壤土，土壤紫棕色，土壤有机质含量12.1g/kg、有效磷2.0mg/kg、速效钾110.0mg/kg，土壤容重1.13g/cm³。

表6-1 西山紫砂土剖面理化性状分析

剖面层次	取样深度（cm）	有机质（g/kg）	全氮（g/kg）	全磷（g/kg）	全钾（g/kg）	有效磷（mg/kg）	速效钾（mg/kg）	pH
A	0～5	12.1	0.92	0.28	19.4	2.0	110.0	6.9

剖面层次	容重（g/cm³）	阳离子交换量[cmol(+)/kg]	机械组成（%）					土壤质地
			0.05～1.0mm	0.01～0.05mm	0.005～0.01mm	0.001～0.005mm	0.001mm以下	
A	1.13	84.7	48.90	27.63	6.05	6.68	10.74	轻壤土

6.1.4 生产性能综述 该土种地处低山丘陵缓坡地段，由紫色砂岩和紫红色砾岩风化的残坡积物发育而成，因土层浅薄，不适于耕种，适合发展经济林和生态涵养林。

6.2 轻砾质薄层紫壤土

6.2.1 归属与分布 二普的土种名称为薄层紫泥土。土壤发生学分类：紫色土土类，中性紫色土亚类，紫壤土土属，轻砾质薄层紫壤土土种。中国土壤系统分类：新成土土纲，正常新成土亚纲，紫色正常新成土土类，普通紫色正常新成土亚类。主要分布在古沛镇、潘村镇和明西街道，土壤所处地势较高，坡度较大，水土流失较严重，由紫棕色页岩风化物发育而成，面积43.39hm²，现主要为耕种旱地或林地。

6.2.2 主要性状 该土种的母质为紫棕色页岩风化形成的残坡积物，多分布在岗顶或岗坡，土壤位置较高，侵蚀严重，土层极薄，厚度不到30cm，有的只有7～8cm，荒地较多。土壤剖面为A–C型，有些地方岩石露出地表，土体发育不良，A层极薄，只有12cm左右，质地中壤土，浅棕色，风化层较厚，整个土体均含有砾石，pH 6.8左右。

三普的2个表层土壤农化样分析结果统计显示：土壤耕作层厚度18.0cm，土壤pH 7.1，土壤有机质含量11.66g/kg、全氮0.68g/kg、有效磷6.95mg/kg、速效钾169.00mg/kg，阳离子交换量18.84cmol(+)/kg，土壤容重1.27g/cm³。

6.2.3 典型剖面 采自紫阳乡西北200m处，采样时间为1983年7月29日。土体中含有少量石砾，有效土层厚度14cm，质地为中壤土–中壤土，耕作层土壤颜色为紫棕色，土壤有机质含量10.7g/kg、有效磷10.0mg/kg、速效钾140.0mg/kg，土壤容重1.35g/cm³。

Ap层，耕作层：0～14cm，紫棕色，质地中壤土，碎块状结构，土质疏松，有少量砾石，pH 6.5。

C层，母质层：14～19cm，棕紫色，质地中壤土，块状结构，土质紧实，有少量砾石，pH 6.8。

6.2.4 生产性能综述 该土种地处低丘的岗顶或岗坡，由紫色页岩风化的残坡积物发育而成，耕作层质地较轻，疏松，耕性好，适耕期长，早春回温快，早发性好，但后期易脱肥，播种后出苗快但不整齐，土壤保肥蓄水性能差，极不耐旱。要搞好水土保持，荒地植树或退耕还林。

6.3 下阜血泥

6.3.1 归属与分布 二普的土种名称为中层紫泥土。土壤发生学分类：紫色土土类，中性紫色土亚类，紫泥土土属，下阜血泥土种。中国土壤系统分类：雏形土土纲，湿润雏形土亚纲，紫色湿润雏形土土类，普通紫色湿润雏形土亚类。紫泥土土属只有下阜血泥一个土种，主要分布在古沛镇、潘村镇和桥头镇，位于低丘的岗顶或岗坡等地，地势低于西山紫砂土，由紫棕色页岩风化物发育而成，面积1 178.42hm²，多为耕种旱地。

6.3.2 主要性状 该土种的母质为页岩的残坡积物。土壤剖面为Ap-（AC）-C型，表层土壤不含砾石。土壤质地为砂壤土－砂土，粒状、棱块状结构，表层疏松，底层紧实。耕作层的土壤阳离子交换量25～35cmol(+)/kg，pH 6.0左右。

二普的土壤有机质含量8.7g/kg、全氮0.51g/kg、有效磷4.0mg/kg、速效钾170mg/kg。

三普的26个表层土壤农化样分析结果统计显示：土壤耕作层厚度19.3cm，土壤pH 5.9，土壤有机质含量16.64g/kg、全氮0.94g/kg、有效磷21.84mg/kg、速效钾131.85mg/kg，阳离子交换量23.47cmol(+)/kg，土壤容重1.25g/cm³。

6.3.3 调查剖面

采自明光市古沛镇古沛村丘陵坡顶，海拔49m，采样时间为2022年9月18日，母质为玄武岩的残坡积物。年均温度15.0℃，年降水量849mm，无霜期232d，≥10℃活动积温4 829℃。植被为农作物。小麦－花生轮作，一年两熟，当季作物为花生。常年作物产量水平，小麦为6 750kg/hm²，花生为3 000kg/hm²，小麦秸秆半量还田，花生秸秆不还田；小麦季施用尿素和复合肥，花生季施用花生专用复合肥。土壤剖面如图6-1所示，有效土层厚度为40cm，土壤剖面为Ap-AC型。土体润态色调10YR，润态明度5～6，润态彩度4。边界清晰，边界过渡平滑。耕作层土壤有机质含量丰富达19.1g/kg，阳离子交换量29.57cmol(+)/kg，土壤保肥力强。交换性盐基离子含量26.7cmol(+)/kg，土壤盐基不饱和，土壤pH 4.27，土壤全氮含量极为丰富（达1.56g/kg），有效磷丰富（达48.5mg/kg），速效钾偏高（达249mg/kg），养分供应能力强，如表6-2至表6-8所示。

图6-1 下阜血泥的土壤剖面
（古沛镇古沛村）

Ap层，耕作层：0～8cm，浊黄橙色（10YR6/4，润），粒状、小块状结构，质地壤土，根系粗细中等，根系丰度少，为草本活根根系。

AC层，过渡层：8～40cm，浊黄棕色（10YR5/4，润），棱块状结构，质地壤质黏土，根系很少、细根，为草本活根根系。

6.3.4 生产性能综述

该土种地处低山丘陵缓坡地段，由片岩残坡积物发育而成，土壤色泽发暗，肥力中等，保肥性一般，土壤质地为砂壤土，耕性较好，适耕期较长；土壤通透性好，雨季不易滞水，但耐旱性较差，适宜种植如花生、豆类、甘薯、芝麻等作物。在进行旱作作物生产的同时，应重视水土保持，可通过增施有机肥或种植绿肥来培肥地力。

表6-2 下阜血泥（古沛镇古沛村）土壤剖面形态学信息

剖面层次	取样深度（cm）	野外润态色调	野外润态明度	野外润态彩度	根系丰度	土壤质地	结构	发育程度	结持性	新生体	酸碱性
Ap	0～8	10YR	6	4	少	壤土	粒状	中等	疏松	无	中性
AC	8～40	10YR	5	4	很少	壤质黏土	棱块状	很弱	坚实	无	中性

表6-3　下阜血泥（古沛镇古沛村）土壤容重与质地

剖面层次	容重（g/cm³）	机械组成（%）				土壤质地
		0.002mm以下	0.002~0.02mm	0.02~0.2mm	0.2~2mm	
Ap	1.31	9.1	37.7	50.1	3.1	壤土
AC	1.36	38.9	36.2	21.5	3.4	壤质黏土

表6-4　下阜血泥（古沛镇古沛村）土壤交换性养分含量

剖面层次	含水量（%）	pH	交换性酸总量[cmol(H⁺+1/3Al³⁺)/kg]	交换性氢离子[cmol(H⁺)/kg]	交换性铝离子[cmol(1/3Al³⁺)/kg]	阳离子交换量[cmol(+)/kg]
Ap	5.8	4.27	8.84	1.41	7.43	29.57
AC	7.2	5.34	4.51	3.34	1.17	30.67

剖面层次	交换性盐基总量[cmol(+)/kg]	交换性钙[cmol(+)/kg]	交换性镁[cmol(+)/kg]	交换性钠[cmol(+)/kg]	交换性钾[cmol(+)/kg]	水溶性盐总量（g/kg）	电导率（mS/cm）
Ap	26.7	11.9	4.46	0.33	0.56	1.32	0.28
AC	25.0	16.0	7.46	0.38	0.45	0.23	0.05

表6-5　下阜血泥（古沛镇古沛村）土壤水溶性养分含量

剖面层次	水溶性钠离子[cmol(Na⁺)/kg]	水溶性钾离子[cmol(K⁺)/kg]	水溶性钙离子[cmol(1/2Ca²⁺)/kg]	水溶性镁离子[cmol(1/2Mg²⁺)/kg]
Ap	0.111	0.084	0.64	0.34
AC	0.098	0.005	0.08	0.07

剖面层次	水溶性碳酸根[cmol(1/2CO₃²⁻)/kg]	水溶性碳酸氢根[cmol(HCO₃⁻)/kg]	水溶性硫酸根[cmol(1/2SO₄²⁻)/kg]	水溶性氯离子[cmol(Cl⁻)/kg]	离子总量（g/kg）
Ap	0.02	0.08	0.09	0.98	0.67
AC	0.02	0.14	0.12	0.09	0.22

表6-6　下阜血泥（古沛镇古沛村）土壤全量养分含量

剖面层次	有机质（g/kg）	碳酸钙（g/kg）	全氮（g/kg）	全磷（g/kg）	全钾（g/kg）	全硫（g/kg）	全硼（mg/kg）	全铁（mg/kg）
Ap	19.10	3	1.560	0.58	13.6	0.17	32.70	4.69×10⁴
AC	4.46	9	0.416	0.17	22.3	0.10	38.12	4.86×10⁴

剖面层次	全锰（mg/kg）	全铜（mg/kg）	全锌（mg/kg）	全钼（mg/kg）	全铝（%）	全硅（%）	全钙（%）	全镁（%）
Ap	430	23.3	52.0	0.914	12.00	28.0	0.36	0.82
AC	290	57.9	73.8	0.969	8.87	30.0	0.45	1.10

表6-7　下阜血泥（古沛镇古沛村）土壤有效养分含量（mg/kg）

剖面层次	有效磷	缓效钾	速效钾	有效硫	有效铁	有效锰	有效铜	有效锌	有效硼	有效钼
Ap	48.5	287	249	18.78	32.5	18.1	0.33	0.39	0.29	0.030
AC	0.3	343	175	14.03	13.5	4.7	0.59	0.27	0.14	0.003

表6-8　下阜血泥（古沛镇古沛村）土壤表层水稳性大团聚体分析（%）

样品类型	水稳性大团聚体1（0.25mm以下）	水稳性大团聚体2（0.25～0.5mm）	水稳性大团聚体3（0.5～1mm）	水稳性大团聚体4（1～2mm）	水稳性大团聚体5（2～3mm）	水稳性大团聚体6（3～5mm）	水稳性大团聚体7（5mm以上）	水稳性大团聚体总和
水稳性大团聚体样品	38.7	13.4	19.1	15.6	3.3	3.8	6.1	61.3

6.4　槐园猪血砂

6.4.1　归属与分布　二普的土种名称为中层石灰性紫砂土。土壤发生学分类：紫色土土类，石灰性紫色土亚类，灰紫砂土土属，槐园猪血砂土种。中国土壤系统分类：雏形土土纲，湿润雏形土亚纲，紫色湿润雏形土土类，石灰紫色湿润雏形土亚类。主要分布在桥头镇、古沛镇等乡镇，地处岗地或残丘顶上部，面积76.91hm²，多为耕种旱地或林草地。

6.4.2　主要性状　该土种的母质为紫色砂岩、紫色砂砾岩残坡积物。土壤剖面为A-C型。A层厚度平均12.5cm，最大13cm，最小10cm；C层厚度平均7.5cm，最大8cm，最小5cm。由于土壤所处位置较高、坡度大，土壤抗蚀性弱，冲刷十分严重，土层极薄，有不少地方大块岩石裸露地表。土体中多含有岩石碎屑，色泽均一为紫棕色。土壤质地为砂壤土-轻壤土，土体有强石灰反应，pH 7.6～7.8。二普的土壤有机质含量7.2g/kg、有效磷5.0mg/kg、速效钾128.0mg/kg，土壤容重1.28g/cm³。

6.4.3　典型剖面　采自明光市高王乡上左庄正北250m处，采样时间为1981年12月19日。植被为农作物。土壤剖面性状如表6-9所示，土体中含有石砾。有效土层厚度20cm，耕作层厚度12cm，土体构型为砂壤土-轻壤土，土壤紫棕色。

Ap层，耕作层（表土层）：0～12cm，紫棕色，质地砂壤土，碎块状结构，土质疏松，含有大量岩屑，有石灰反应，pH 8.0。

C层，母质层：12～20cm，紫棕色，质地砂壤土，粒状结构，土质稍紧，有强石灰反应，pH 8.0。

表6-9　槐园猪血砂剖面理化性状分析

剖面层次	取样深度（cm）	有机质（g/kg）	全氮（g/kg）	全磷（g/kg）	全钾（g/kg）	有效磷（mg/kg）	速效钾（mg/kg）	pH
Ap	0～12	9.7	0.71	0.69	21.1	5.0	129	8.0

剖面层次	容重（g/cm³）	阳离子交换量[cmol(+)/kg]	机械组成（%）					土壤质地
			0.05~1.0mm	0.01~0.05mm	0.005~0.01mm	0.001~0.005mm	0.001mm以下	
Ap	1.28	84.7	34.46	38.82	4.65	8.91	3.84	砂壤土

6.4.4　生产性能综述　该土种表土层浅薄，土质轻、疏松，干湿均可耕。播种后出苗快，透水性强，保蓄水分能力弱，不耐旱。通常只种一季农作物如花生或芝麻，荒地树木生长不好，由于地势较高、坡度较大，利用时应注意防止水土流失。

6.5　缺树坞猪血泥

6.5.1　归属与分布　二普的土种名称为薄层石灰性紫泥土、中层石灰性紫泥土。土壤发生学分类：紫色土土类，石灰性紫色土亚类，灰紫泥土土属，缺树坞猪血泥土种。中国土壤系统分类：雏形土土纲，湿润雏形土亚纲，紫色湿润雏形土土类，石灰紫色湿润雏形土亚类。缺树坞猪血泥分布在低丘坡顶或坡上，由紫色页岩、紫色泥岩残坡积物发育而成，共有面积572.08hm²，多为耕种旱地或林草地，主要分布在桥头镇和古沛镇。

6.5.2　主要性状　该土种的母质为紫色页岩、紫色泥岩残坡积物。土壤剖面为A-（C）-D型。土层厚度一般为20～60cm。土体中常含有少量砾石，表层土壤紫棕色，质地重壤土。土体有强石灰反应，pH 7.8左右。

三普的8个表层土壤农化样分析结果统计显示：土壤耕作层厚度18.8cm，土壤pH 6.6，土壤有机质含量13.59g/kg、全氮0.74g/kg、有效磷14.06mg/kg、速效钾125.13mg/kg，阳离子交换量23.25cmol(+)/kg，土壤容重1.25g/cm³。

6.5.3　典型剖面

（1）采自明光市桥头镇前赵村西南500m处，采样时间为1984年6月20日。植被为农作物。土壤剖面性状如表6-10所示，土体中含有石砾。有效土层厚度23cm，耕作层厚度8cm，质地轻壤土，土壤紫棕色，土壤有机质含量7.2g/kg、有效磷5.0mg/kg、速效钾128.0mg/kg，土壤容重1.20g/cm³。

Ap层，表土层：0～8cm，紫棕色，质地轻壤土，碎块状结构，土质疏松，含有大量岩屑，有石灰反应，pH 7.8。

C层，母质层：8～23cm，红棕色，碎块状结构，土质紧，有强石灰反应，pH 8.0。

表6-10　缺树坞猪血泥剖面土壤理化性状分析

剖面层次	取样深度（cm）	有机质（g/kg）	全氮（g/kg）	全磷（g/kg）	全钾（g/kg）	有效磷（mg/kg）	速效钾（mg/kg）	pH
Ap	0～8	8.7	0.51	0.49	17.1	4.0	170	7.8

剖面层次	容重（g/cm³）	阳离子交换量[cmol(+)/kg]	机械组成（%）					土壤质地
			0.05～1.0mm	0.01～0.05mm	0.005～0.01mm	0.001～0.005mm	0.001mm以下	
Ap	1.20	10.7	38.11	34.41	7.54	12.21	7.33	轻壤土

（2）采自明光市洪庙乡君庄西北，采样时间为1981年12月4日。植被为农作物。土

壤剖面形态描述如下。

Ap层，耕作层：0～8cm，紫棕色，质地重壤土，碎块状结构，土质稍紧，含有少量砾石，有石灰反应，pH 7.8。

C层，母质层：8～32cm，棕紫色，质地重壤土，小块状结构，土质稍紧，含有少量砾石，有强石灰反应，pH 8.4。

6.5.4 生产性能综述 该土种耕作层浅薄，干不耐旱，植被长势差。开垦的荒地一年只能种一季农作物如花生或芝麻，要选择地势较高、坡度较大的地方，应种草植树，逐步发展经济林，利用时应注意防止水土流失。

7 粗骨土

粗骨土属初育土土纲，石质初育土亚纲。粗骨土母质为多种岩石风化物，属A–C构型，在较薄的腐殖质表层（A层）下，为不同厚薄的风化碎屑层，土体中砾石含量在50%以上。在侵蚀严重地区风化碎屑裸露，显粗骨特征，无淋溶淀积层发育，具有母岩特性。全市粗骨土面积50 695.36hm²，占各土类总面积的31.58%。集中分布在三界镇、涧溪镇等乡镇。由于所处地形位置高、坡度较大，水土冲刷流失严重，土层极薄，植被稀疏，开垦种植2～3年后，基岩裸露地表，无法再耕种。

7.1 岗集砂砾土

7.1.1 归属与分布 二普的土种名称为砂砾粗骨土。土壤发生学分类：粗骨土土类，酸性粗骨土亚类，硅质酸性粗骨土土属，岗集砂砾土土种。中国土壤系统分类：新成土土纲，正常新成土亚纲，湿润正常新成土土类，石质湿润正常新成土亚类。主要分布在桥头镇、明西街道等乡镇（街道），地处低丘顶部或岗地残丘上部，海拔150～300m，面积5 510.12hm²，多为荒山草地。

7.1.2 主要性状 该土种母质为石英岩、石英砂岩等风化的残坡积物，地表有粗砾石，砾石丰度大。土壤剖面为A–C型，土体小于30cm，砾石含量30%～50%。全土体为重砾质砂壤土，屑粒状结构，多为灰棕色，微酸性。

三普的22个表层土壤农化样分析结果统计显示：土壤耕作层厚度16.7cm，土壤pH 6.1，土壤有机质含量15.06g/kg、全氮0.89g/kg、有效磷26.03mg/kg、速效钾154.68mg/kg，阳离子交换量24.05cmol(+)/kg，土壤容重1.27g/cm³。

7.1.3 调查剖面 采自明光市桥头镇楚塘村丘陵岗地顶部，海拔47.1m，采样时间为2022年11月5日，母质为砾岩的残坡积物。年均温度15.0℃，年降水量849mm，无霜期232d，≥10℃活动积温4 829℃。植被为农作物。

土壤剖面如图7-1所示，土地利用类型为旱地，表层土壤含20%砾石。种植花生–油菜，一年两熟，当季作物为花生。季节性休耕，休耕频次为5。边界清晰，边界过渡平滑，耕作层厚度为16cm。耕作层土壤有机质含量丰富达8.3g/kg，

图7-1 岗集砂砾土的土壤剖面
（桥头镇楚塘村）

阳离子交换量20.78cmol(+)/kg，土壤保肥力弱。交换性盐基离子含量18.1cmol(+)/kg，土壤盐基不饱和，土壤pH 5.15，土壤全氮含量0.64g/kg、有效磷9.2mg/kg、速效钾偏高达156mg/kg，如表7-1至表7-7所示。相比二普的土壤有机质含量1.14g/kg、全氮0.091g/kg、有效磷5mg/kg、速效钾153mg/kg，土壤有机质、全氮、有效磷含量分别提高了628%、603%、84%，而速效钾的含量基本不变。

Ah层，腐殖质层：0～16cm，浊橙色（5YR7/3，润），质地砂壤土，团粒状结构，土壤发育程度中等（保留少量母质特征），土内砾石丰度为20%，砾石较小，为次圆状、中等分化，土质极疏松，根系少、细根，为草本活根根系和草本腐烂根系，土壤呈酸性。

AC层，过渡层：16～50cm，浊橙色（7.5YR6/4，润），质地砂土，粒状结构，土壤发育程度弱（母质特征明显），土质疏松，矿质瘤状结核丰度中等，种类为结核、小、形状不规则，用小刀易于破开，组成物质为铁/锰，自然形成的磐层胶结程度为紧实但非胶结，胶结物质为铁锰氧化物，土壤呈酸性。

表7-1 岗集砂砾土（桥头镇楚塘村）土壤剖面形态学信息

剖面层次	取样深度（cm）	野外润态色调	野外润态明度	野外润态彩度	根系丰度	土壤质地	结构	发育程度	结持性	新生体丰度	新生体瘤状结核组成物质	酸碱性
Ah	0～16	5YR	7	3	少	砂壤土	团粒状	中等	极疏松	无		酸性
AC	16～50	7.5YR	6	4		砂土	粒状	弱	疏松	中等	铁/锰	酸性

表7-2 岗集砂砾土（桥头镇楚塘村）土壤容重与质地

剖面层次	容重（g/cm³）	机械组成（%）				土壤质地
		0.002mm以下	0.002～0.02mm	0.02～0.2mm	0.2～2mm	
Ah	1.12	6.5	35.5	31.5	26.5	壤土
AC	1.79	2.8	11.1	16.4	69.7	砂土及壤质砂土

表7-3 岗集砂砾土（桥头镇楚塘村）土壤交换性养分含量

剖面层次	含水量（%）	pH	交换性酸总量[cmol(H⁺+1/3Al³⁺)/kg]	交换性氢离子[cmol(H⁺)/kg]	交换性铝离子[cmol(1/3Al³⁺)/kg]	阳离子交换量[cmol(+)/kg]
Ah	3.0	5.15	1.52	1.01	0.51	20.78
AC	1.4	5.81	0.41	0.12	0.29	8.09

剖面层次	交换性盐基总量[cmol(+)/kg]	交换性钙[cmol(+)/kg]	交换性镁[cmol(+)/kg]	交换性钠[cmol(+)/kg]	交换性钾[cmol(+)/kg]	水溶性盐总量（g/kg）	电导率（mS/cm）
Ah	18.1	6.85	8.73	0.38	0.39	0.14	0.03
AC	6.5	4.05	1.32	0.27	0.37	0.11	0.03

表7-4 岗集砂砾土（桥头镇楚塘村）土壤水溶性养分含量

剖面层次	水溶性钠离子 [cmol(Na⁺)/kg]	水溶性钾离子 [cmol(K⁺)/kg]	水溶性钙离子 [cmol(1/2Ca²⁺)/kg]	水溶性镁离子 [cmol(1/2Mg²⁺)/kg]
Ah	0.031	0.005	0.07	0.05
AC	0.051	0.006	0.03	0.03

剖面层次	水溶性碳酸根 [cmol(1/2CO₃²⁻)/kg]	水溶性碳酸氢根 [cmol(HCO₃⁻)/kg]	水溶性硫酸根 [cmol(1/2SO₄²⁻)/kg]	水溶性氯离子 [cmol(Cl⁻)/kg]	离子总量 （g/kg）
Ah	0.01	0.09	0.03	0.06	0.11
AC	0.02	0.05	0.03	0.06	0.10

表7-5 岗集砂砾土（桥头镇楚塘村）土壤全量养分含量

剖面层次	有机质 （g/kg）	碳酸钙 （g/kg）	全氮 （g/kg）	全磷 （g/kg）	全钾 （g/kg）	全硫 （g/kg）	全硼 （mg/kg）	全铁 （mg/kg）
Ah	8.30	8	0.635	0.27	19.5	0.07	33.76	2.80×10^4
AC	6.08	5	0.194	0.14	42.7	0.03	16.85	1.49×10^4

剖面层次	全锰 （mg/kg）	全铜 （mg/kg）	全锌 （mg/kg）	全钼 （mg/kg）	全铝 （%）	全硅 （%）	全钙 （%）	全镁 （%）
Ah	521	15.2	45.2	0.609	7.23	36.6	0.37	0.47
AC	96.9	6.93	33.8	0.732	8.28	31.6	0.26	0.32

表7-6 岗集砂砾土（桥头镇楚塘村）土壤有效养分含量（mg/kg）

剖面层次	有效磷	缓效钾	速效钾	有效硫	有效铁	有效锰	有效铜	有效锌	有效硼	有效钼
Ah	9.2	397	156	10.86	26.9	51.5	0.56	0.22	0.18	0.01
AC	1.2	196	51	9.01	3.5	0.8	0.06	0.06	0.05	0.05

表7-7 岗集砂砾土（桥头镇楚塘村）表层水稳性大团聚体分析（%）

样品类型	水稳性大团聚体1 （0.25mm以下）	水稳性大团聚体2 （0.25～0.5mm）	水稳性大团聚体3 （0.5～1mm）	水稳性大团聚体4 （1～2mm）	水稳性大团聚体5 （2～3mm）	水稳性大团聚体6 （3～5mm）	水稳性大团聚体7 （5mm以上）	水稳性大团聚体总和
水稳性大团聚体样品	47	20.0	17.7	8.3	1.5	1.7	3.7	53.0

7.1.4 生产性能综述 该土种地处低山丘陵岗地的微坡顶部，由砾岩等残坡积物发育而成。全土层多为砂壤土，棕黄色，肥力较低，土层薄，一般为荒山草地，偶有种植花生，长势差，产量低。土壤所处地势较高，水土流失严重，砾石含量多，应重视水土保持。

7.2 砂砾土

7.2.1 归属与分布 二普的土种名称为麻石粗骨土。土壤发生学分类：粗骨土土类，酸性粗骨土亚类，麻质酸性粗骨土土属，砂砾土土种。中国土壤系统分类：新成土土纲，正常新成土亚纲，湿润正常新成土土类，石质湿润正常新成土亚类。砂砾土是酸性结晶岩风化物发育而来。该土种面积总计312.04hm²，多为耕种旱地或林草地，主要分布在明南街道。

7.2.2 主要性状 一般土层厚度只有20cm左右，土壤剖面为A–C型，质地以砂壤土为主，灰黄色，耕地时有沙沙响声，农民称"响砂土"，层次不明显，呈微酸性，pH 6.0～6.5。

二普的农化样统计显示：表层有机质含量12.5g/kg、全氮0.7g/kg、有效磷9mg/kg、速效钾110mg/kg，表层容重1.28g/cm³，石砾含量在52.5%以下。

三普的7个表层土壤农化样分析结果统计显示：土壤pH 5.3，土壤有机质含量7.06g/kg、全氮0.49g/kg、有效磷52.26mg/kg、速效钾100.71mg/kg，阳离子交换量19.10cmol(+)/kg，土壤容重1.32g/cm³。

7.2.3 典型剖面 采自管店镇沙河西300m处，采样时间为1983年12月8日，其形态描述如下。

Ah层，腐殖质层：0～12cm，浅黄灰色，质地砂壤土，屑粒状结构，土质疏松，有大量石砾，植被稀疏，pH 5.9。

C层，母质层：12～28cm，棕黄色，质地砂壤土，粒状，有大量石砾，pH 6.0～8.0。

7.2.4 生产性能综述 该土易旱，农民有"三天无雨苗发黄，一场大雨苗冲光"的说法，马尾松长势一般，新开垦的地种花生、芝麻较多，作物生长全期也不太好。

7.3 西阳砂砾土

7.3.1 归属与分布 二普的土种名称为扁石。土壤发生学分类：粗骨土土类，酸性粗骨土亚类，泥质酸性粗骨土土属，西阳砂砾土土种。中国土壤系统分类：新成土土纲，正常新成土亚纲，湿润正常新成土土类，石质湿润正常新成土亚类。该土种面积110.85hm²，主要分布在张八岭镇和石坝镇。其母质为千枚岩风化的残坡积物，与角斑岩交错分布，该土种形态特征与暗砾土差不多，在此不做详细论述。

7.3.2 主要性状 三普的3个表层土壤农化样分析结果统计显示：土壤耕作层厚度约15.0cm，土壤pH 5.8，土壤有机质含量15.30g/kg、全氮1.08g/kg、有效磷7.90mg/kg、速效钾165.00mg/kg，阳离子交换量18.37cmol(+)/kg，土壤容重1.24g/cm³。

7.4 暗砾土

7.4.1 归属与分布 二普的土种名称为细粒粗骨土。土壤发生学分类：粗骨土土类，中性粗骨土亚类，暗泥质中性粗骨土土属，暗砾土土种。中国土壤系统分类：新成土土纲，正常新成土亚纲，湿润正常新成土土类，石质湿润正常新成土亚类。主要分布在张八岭镇、三界镇、石坝镇和管店镇等乡镇，地处丘陵顶上部，坡度大于20°，海拔150m以上，面积44 762.34hm²，多为荒山草地。

7.4.2　主要性状　该土种的母质为多种中性、基性岩浆岩的残坡积物，地表水蚀程度不等，残留有丰度不等的粗砾石和细砾石，土壤剖面为A–C型，土体厚度小于40cm。

三普的64个表层土壤农化样分析结果统计显示：土壤耕作层厚度17.0cm，土壤pH 4.9，土壤有机质含量19.44g/kg、全氮1.04g/kg、有效磷36.02mg/kg、速效钾125.16mg/kg，阳离子交换量15.37cmol(+)/kg，土壤容重1.28g/cm³。

7.4.3　调查剖面

（1）剖面样品采自明光市石坝镇汪北村低丘岗坡（洪积–冲积平原），海拔84.14m，采样时间为2022年11月5日，母质为残坡积物。年均温度15.0℃，年降水量849mm，无霜期232d，≥10℃活动积温4 829℃。植被为阔叶林。土地利用类型为乔木林地，优势种为枫树林。植被覆盖度16%，乔木覆盖度6%，灌木覆盖度4%，草本覆盖度16%。耕作层厚度43cm。

土壤剖面如图7–2a所示，耕作层土壤有机质含量达14.2g/kg，阳离子交换量15.5cmol(+)/kg，土壤保肥力弱。交换性盐基离子含量13.1cmol(+)/kg，土壤盐基不饱和，土壤pH 4.68呈酸性，土壤全氮含量1.03g/kg、有效磷6.9mg/kg、速效钾偏高达97mg/kg，如表7–8至表7–13所示。

Ah层，腐殖质层：0～25cm，浊黄棕色（10YR5/3，润），质地砂土，屑粒状结构，土壤发育程度很弱（保留大部分母质特征），土内砾石丰度50%，砾石大小中等，为次圆状，强烈分化，土质松散，根系少、细根，为木本活根根系。土壤中有动物孔穴，土壤呈中性。

AC层，过渡层：25～60cm，质地为砂土，片状结构，土壤发育程度很弱（保留大部分母质特征），土内砾石丰度100%，砾石较大，为次棱角状，中等分化，土质坚实。新生体斑纹丰度为中等，大小为中等，位于结构体表面，组成物质为铁/锰；新生体胶膜丰度为中等，位于结构体表面，组成物质为铁/锰。与土壤基质对比明显，土壤呈中性。

a 石坝镇汪北村　　　　　b 管店镇罗岭村

图7–2　暗砾土的土壤剖面

表7-8 暗砾土（石坝镇汪北村）土壤剖面形态学信息

剖面层次	取样深度（cm）	野外润态色调	野外润态明度	野外润态彩度	根系丰度	土壤质地	结构	发育程度	结持性	新生体（斑纹）丰度	新生体斑纹组成物质	新生体（胶膜）丰度	新生体胶膜组成物质	酸碱性
Ah	0～25	10YR	5	3	少	砂土	屑粒状	很弱	疏松	无		无		中性
AC	25～60					砂土	片状	很弱	很坚实	中等	铁/锰	中等	铁/锰	中性

表7-9 暗砾土（石坝镇汪北村）土壤容重与质地

剖面层次	容重（g/cm³）	机械组成（%）				土壤质地
		0.002mm以下	0.002～0.02mm	0.02～0.2mm	0.2～2mm	
Ah	1.40	5.4	26.4	41.4	26.8	砂质壤土
AC	1.75	5.6	29.0	34.3	31.1	砂质壤土

表7-10 暗砾土（石坝镇汪北村）土壤交换性养分含量

剖面层次	含水量（%）	pH	交换性酸总量[cmol(H⁺+1/3Al³⁺)/kg]	交换性氢离子[cmol(H⁺)/kg]	交换性铝离子[cmol(1/3Al³⁺)/kg]	水解性总酸度[cmol(+)/kg]
Ah	2.6	4.68	1.43	1.04	0.39	4.2
AC	4.6	4.71	2.60	0.57	2.03	4.8

剖面层次	阳离子交换量[cmol(+)/kg]	交换性盐基总量[cmol(+)/kg]	交换性钙[cmol(+)/kg]	交换性镁[cmol(+)/kg]	交换性钠[cmol(+)/kg]	交换性钾[cmol(+)/kg]
Ah	15.50	13.1	8.44	2.30	0.27	0.29
AC	18.70	17.5	9.09	4.54	0.59	0.28

表7-11 暗砾土（石坝镇汪北村）土壤全量养分含量

剖面层次	有机质（g/kg）	碳酸钙（g/kg）	全氮（g/kg）	全磷（g/kg）	全钾（g/kg）	全硫（g/kg）	全铁（mg/kg）
Ah	14.2	4	1.03	0.29	13.6	0.09	2.84×10^4
AC	6.40	5	0.375	0.15	17.0	0.08	4.15×10^4

表7-12 暗砾土（石坝镇汪北村）有效养分含量

剖面层次	有效磷（mg/kg）	速效钾（mg/kg）
Ah	6.9	97
AC	0.9	73

表7-13 暗砾土（石坝镇汪北村）土壤表层水稳性大团聚体分析

样品类型	水稳性大团聚体1（5mm以上）	水稳性大团聚体2（2～5mm）	水稳性大团聚体3（1～2mm）	水稳性大团聚体4（0.5～1mm）	水稳性大团聚体5（0.25～0.5mm）	水稳性大团聚体6（0.25mm以下）	水稳性大团聚体总和
水稳性大团聚体样品含量（g/kg）	0.5	1.4	1.2	1.2	1.4	4.3	5.7
水稳性大团聚体样品（%）	5.1	13.9	12.1	12.1	13.5	43.3	56.7

（2）剖面样品采自明光市管店镇罗岭村低丘坡上，海拔52.41m，采样时间为2022年9月2日，母质为残坡积物。年均温度15.0℃，年降水量849mm，无霜期232d，≥10℃活动积温4 829℃。土地利用类型为果园，优势种为桃树，一季产量约为3万kg/hm²。植被覆盖度19%，乔木覆盖度16%，草本覆盖度3%。耕作层厚度18cm。

土壤剖面如图7-2b所示，耕作层土壤有机质含量达5.79g/kg，阳离子交换量13.37cmol(+)/kg，土壤保肥力弱。交换性盐基离子含量8.2cmol(+)/kg，土壤盐基不饱和，土壤pH 4.86呈酸性，土壤全氮含量0.384g/kg、有效磷9.6mg/kg、速效钾达79mg/kg，如表7-14至表7-20所示。

Ah层，腐殖质层：0～18cm，浊黄棕色（10YR5/4，润），质地砂壤土，粒状结构，土壤发育程度中等（保留少量母质特征），土内砾石丰度5%，小砾石，为次圆状，强烈分化，土质疏松，根系少，根系粗细为中等，为木本活根根系。土壤中有动物孔穴，动物种类有蚂蚁、白蚁，土壤呈中性。

C层，母质层：18～70cm，棕色（10YR4/6，润），质地砂土，片状结构，土壤发育程度很弱（保留大部分母质特征），土内砾石丰度100%，中等大小砾石，为棱角状，微分化，土质坚实。新生体斑纹丰度为中等，大小为中等，位于孔隙周围，组成物质为铁/锰；少量新生体胶膜，无一定位置，组成物质为铁/锰。与土壤基质对比明显，土壤呈中性。

表7-14 暗砾土（管店镇罗岭村）土壤剖面形态学信息

剖面层次	取样深度（cm）	野外润态色调	野外润态明度	野外润态彩度	根系丰度	土壤质地	结构	发育程度	结持性	新生体斑纹丰度	新生体斑纹组成物质	新生体胶膜丰度	新生体胶膜组成物质	酸碱性
Ah	0～18	10YR	5	4	少	砂壤土	粒状	中等	疏松	无		无		中性
C	18～70	10YR	4	6		砂土	片状	很弱	坚实	中等	铁/锰	少	铁/锰	中性

表7-15 暗砾土（管店镇罗岭村）土壤容重与质地

剖面层次	容重（g/cm³）	机械组成（%）				土壤质地
		0.002mm以下	0.002～0.02mm	0.02～0.2mm	0.2～2mm	
Ah	1.55	7.7	14.2	45.1	33.0	砂土及壤质砂土
C	1.84	0.6	18.8	30.5	50.1	砂质壤土

表7-16 暗砾土（管店镇罗岭村）土壤交换性养分含量

剖面层次	含水量（%）	pH	交换性酸总量[cmol(H⁺+1/3Al³⁺)/kg]	交换性氢离子[cmol(H⁻)/kg]	交换性铝离子[cmol(1/3Al³⁺)/kg]	阳离子交换量[cmol(+)/kg]
Ah	0.8	4.86	3.74	0.57	3.15	13.37
C	0.7	5.95	0.46	0.27	0.19	20.93

剖面层次	交换性盐基总量[cmol(+)/kg]	交换性钙[cmol(+)/kg]	交换性镁[cmol(+)/kg]	交换性钠[cmol(+)/kg]	交换性钾[cmol(+)/kg]	水溶性盐总量（g/kg）	电导率（mS/cm）
Ah	8.2	4.75	1.42	0.33	0.29	0.16	0.03
C	13.5	6.11	3.70	0.65	0.32	0.23	0.06

表7-17 暗砾土（管店镇罗岭村）土壤水溶性养分含量

剖面层次	水溶性钠离子[cmol(Na⁺)/kg]	水溶性钾离子[cmol(K⁺)/kg]	水溶性钙离子[cmol(1/2Ca²⁺)/kg]	水溶性镁离子[cmol(1/2Mg²⁺)/kg]
Ah	0.058	0.010	0.09	0.01
C	0.131	0.015	0.09	0.04

剖面层次	水溶性碳酸根[cmol(1/2CO₃²⁻)/kg]	水溶性碳酸氢根[cmol(HCO₃⁻)/kg]	水溶性硫酸根[cmol(1/2SO₄²⁻)/kg]	水溶性氯离子[cmol(Cl⁻)/kg]	离子总量（g/kg）
Ah	<0.01	0.07	0.09	0.03	0.13
C	<0.01	0.06	0.23	0.04	0.23

表7-18 暗砾土（管店镇罗岭村）土壤全量养分含量

剖面层次	有机质（g/kg）	碳酸钙（g/kg）	全氮（g/kg）	全磷（g/kg）	全钾（g/kg）	全硫（g/kg）	全硼（mg/kg）	全铁（mg/kg）
Ah	5.79	3	0.384	0.39	18.6	0.04	37.07	3.33×10^4
C	2.33	4	0.068	0.37	24.7	0.08	77.40	4.51×10^4

剖面层次	全锰（mg/kg）	全铜（mg/kg）	全锌（mg/kg）	全钼（mg/kg）	全铝（%）	全硅（%）	全钙（%）	全镁（%）
Ah	192	10.3	77.4	0.327	8.06	37.9	0.25	0.46
C	1 140	9.9	165	0.197	11.0	34.6	0.27	0.66

表7-19 暗砾土（管店镇罗岭村）土壤有效养分含量（mg/kg）

剖面层次	有效磷	缓效钾	速效钾	有效硫	有效锰	有效铜	有效锌	有效硼	有效钼
Ah	9.6	313	79	19.3	20.4	0.25	0.58	0.03	0.03
C	8.2	246	60	31.9	52.5	0.23	1.39	0.10	0.06

表7-20　暗砾土（管店镇罗岭村）土壤表层水稳性大团聚体分析（%）

样品类型	水稳性大团聚体1（0.25mm以下）	水稳性大团聚体2（0.25～0.5mm）	水稳性大团聚体3（0.5～1mm）	水稳性大团聚体4（1～2mm）	水稳性大团聚体5（2～3mm）	水稳性大团聚体6（3～5mm）	水稳性大团聚体7（5mm以上）	水稳性大团聚体总和
水稳性大团聚体样品	68.4	7.5	10.3	13.7	0.0	0.0	0.0	31.6

7.4.4　生产性能综述　暗砾土的母质为多种岩石风化物，土壤剖面为A-C型，在较薄的A层下，为不同厚薄的风化碎屑层，土体中砾石含量50%以上。由于土层浅薄，土壤肥力水平低，土壤生产性能较弱，作物长势差、产量较低。

8 水稻土

　　水稻土隶属人为土土纲，人为水成土亚纲，在明光市分布广、面积较大，是主要的农业土壤资源，粮油生产的重要基地。水稻土在长期水耕熟化条件下，受自然因素和人为活动的双重影响，尤以人为活动影响最为深刻。水稻土的形成，主要是还原淋溶氧化淀积和水耕熟化双重作用的结果，由此引起土体中有机、无机物质的积累、转化与迁移，使土壤剖面形态和理化性状发生明显的变异。全市水稻土面积48 521.33hm²，占全市各土类（包括水域）总面积的30.23%。集中分布在池河沿岸，花园湖、女山湖、沫山湖和七里湖等湖泊周边，以及丘陵阶地。

8.1　潮砂泥田

　　8.1.1　归属与分布　二普的土种名称为砂泥田。土壤发生分类：水稻土土类，潴育水稻土亚类，潮泥田土属，潮砂泥田土种。中国土壤系统分类：人为土土纲，水耕人为土亚纲，简育水耕人为土土类，普通简育水耕人为土亚类。潮砂泥田是池河、南沙河冲积物及花园湖、女山湖等湖泊沉积物经水耕熟化发育而成。潮砂泥田面积不大，只有1 400.57hm²，主要分布在明西街道、明光街道和明南街道。土壤所处地势较低，地下水位较高，有较好的抗旱能力，质地有明显的分选过程。

　　8.1.2　主要性状　该土种母土为河流冲积物发育的灰潮土，植稻历史悠久，土壤剖面为Ap1–Ap2–Br型。部分位于低洼地段的耕作层、犁底层，附带有次生潜育特征。耕作层有大量的锈纹锈斑，浅灰色，砂壤土；犁底层较紧实，但渗漏适中；渗育层发育较好，层理清晰可见，有少量具光泽的灰色胶膜；潴育层厚50cm左右，棱块状结构，结构体表面上有大量灰色胶膜、锈纹锈斑及少量软小铁锰结核。整个土体呈弱酸性反应，pH 6.2左右。

　　二普的剖面数据显示：耕作层厚度平均13.3cm，最大16cm，最小13cm；犁底层厚度平均5.8cm，最大11cm，最小4cm；渗育层厚度平均31.4cm；潴育层厚度平均47.5cm，最大50cm，最小33cm。二普的11个表层土壤农化样结果显示：潮砂泥田的养分含量较高，肥力中上等；耕作层有机质含量平均16.5g/kg，最大20.3g/kg，最小0.53g/kg；全氮含量平均1.20g/kg，最大1.43g/kg，最小0.43g/kg；有效磷含量平均11mg/kg，最大16mg/kg，最小9mg/kg；速效钾含量平均152mg/kg，最大195mg/kg，最小107mg/kg；土壤容重1.30g/cm³，粉砂含量在50%以上，pH 6.4呈弱酸性。

　　三普的16个表层土壤农化样分析结果统计显示：土壤耕作层厚度21.6cm，土壤pH 5.8，土壤有机质含量17.18g/kg、全氮1.09g/kg、有效磷22.11mg/kg、速效钾146.87mg/kg，阳离子交换量18.29cmol(+)/kg，土壤容重1.28g/cm³。

　　8.1.3　典型剖面　典型剖面样是1983年12月5日采自洪庙乡西徐正南100m处。土壤理化性状如表8-1所示。

Ap1层，耕作层：0~14cm，浅黄灰色，质地粉壤土，小块状结构，土质稍紧，有少量锈纹锈斑和铁锰结核，pH 6.5。

Ap2层，犁底层：14~23cm，浅棕灰色，质地粉壤土，块状结构，土质紧实，有少量铁锰结核，pH 6.5。

Br1层，氧化还原层（渗育层）：23~50cm，棕灰色，质地粉壤土，棱块状结构，土质紧实，有灰色具光泽的胶膜，pH 6.7。

Br2层，氧化还原层（潴育层）：50~103cm，暗灰色，质地黏壤土，棱块状结构，土质紧实，有雏形铁锰结核和锈斑，pH 7.0。

表8-1　潮砂泥田土壤剖面理化性状分析

剖面层次	取样深度（cm）	有机质（g/kg）	全氮（g/kg）	有效磷（mg/kg）	速效钾（mg/kg）	全磷（g/kg）	全钾（g/kg）	pH
Ap1	0~14	15.4	1.07	10	56	0.26	14.2	6.3
Ap2	14~23	5.1	0.50	7	54	0.25	14.3	6.4
Br1	23~50	2.1	0.48	5	51	0.18	13.9	6.7
Br2	50~103	2.7	0.39	6	50	0.20	16.3	6.8

剖面层次	容重（g/cm³）	阳离子交换量[cmol(+)/kg]	机械组成（%）					土壤质地
			0.05~1.0mm	0.01~0.05mm	0.005~0.01mm	0.001~0.005mm	0.001mm以下	
Ap1	1.49	8.9	16.59	48.66	10.82	11.29	12.61	粉壤土
Ap2	1.09	9.7	14.24	46.86	14.93	9.20	14.79	粉壤土
Br1		9.2	18.22	49.56	11.60	8.35	12.27	粉壤土
Br2		0.7	14.36	45.15	13.14	10.63	16.72	黏壤土

8.1.4　生产性能综述　该土种耕作层质地适中，耕性好，易耕易耙。通透性强，土不烂，泥不澄，好栽秧，不漂秧。秧苗落黄期短，返青快，发棵早，作物全生育期土壤供肥力较稳。土壤保肥蓄水较好，施肥见效快，作物后期要追肥。水稻成穗率较高，籽粒金黄饱满，是比较好的水稻土。利用方式多为稻-麦或稻-油两熟，小麦产量可收获6 000kg/hm²以上，水稻产量达7 500kg/hm²以上。由于土壤分布地势较低，小麦生长时有涝渍威胁，应注意加强排水工作。

8.2　潮泥骨田

8.2.1　归属与分布　二普的土种名称为河泥田。土壤发生学分类：水稻土土类，潴育水稻土亚类，潮泥田土属，潮泥骨田土种。中国土壤系统分类：人为土土纲，水耕人为土亚纲，简育水耕人为土土类，普通简育水耕人为土亚类。主要分布在池河沿岸，呈带状分布于潮砂泥田的外缘，面积1 303.45hm²，主要集中在明西街道、石坝镇和明光街道。

8.2.2　主要性状　该土种母土为河流冲积物发育的灰潮土，土壤剖面为Ap1-Ap2-

Br型。土体内渗育层轻度发育，往往与犁底层混在一起，部分处于低洼地段的耕作层和犁底层常滞水而出现表层潜育，有一定程度的亚铁反应。潴育层发育较好，厚度20～40cm，黄灰色，棱块状结构，结构体表面被覆中量灰色胶膜、锈纹锈斑及少量铁锰结核。土壤质地为黏土或粉砂质黏土。

二普的剖面数据显示：耕作层厚度平均12.7cm，有大量的铁锰斑纹和少量铁锰胶膜，犁底层厚度平均7cm，渗育层厚度平均25.5cm，潴育层厚度平均32.9cm，铁锰斑纹和结核都较多，土壤颜色多为棕灰色，土壤质地为黏壤土至黏土，pH 6.0左右。二普的表层土壤农化样结果显示：耕作层土壤有机质含量9.30g/kg、全氮0.70g/kg、有效磷8.0mg/kg、速效钾110.0mg/kg。

三普的18个表层土壤农化样分析结果统计显示：土壤耕作层厚度21.5cm，土壤pH 6.3，土壤有机质含量20.27g/kg、全氮1.19g/kg、有效磷16.84mg/kg、速效钾178.53mg/kg，阳离子交换量23.81cmol(+)/kg，土壤容重1.26g/cm^3。

8.2.3 调查剖面 该剖面于2022年10月20日采自明西街道蔡岗村，海拔8.8m，地形部位为低丘低阶地，母质为河流冲积物，如图8-1所示。该剖面土壤耕作层容重1.18g/cm^3，粒径小于0.002mm的颗粒含量占11.2%，0.002～0.02mm的颗粒含量占62.0%，0.02～0.2mm的颗粒含量占26.4%，0.2～2mm的颗粒含量占0.4%。土壤阳离子交换量24.79cmol(+)/kg，土壤有机质含量30.1g/kg、全氮1.560g/kg、全磷0.57g/kg、全钾18.5g/kg、有效磷16.1mg/kg、缓效钾390mg/kg、速效钾266mg/kg，如表8-2至表8-7所示。剖面分层及其形态描述如下。

Ap1层，耕作层，0～18cm，棕色（7.5YR/5/3，润），质地黏壤土，有中等量的草本活根根系和草本腐烂根系，团块状结构，发育程度很强，土质坚实，结构体表面有少量铁锰斑纹、少量明显的黏粒-腐殖质胶膜、由耕犁而形成的黏粒磐层胶结物质，pH 6.07。

Ap2层，犁底层：18～28cm，浊黄橙色（7.5YR6/3，润），质地黏壤土，有少量草本活根根系和草本腐烂根系，团块状结构，发育程度很强，土质很坚实，结构体表面有很少的铁锰斑纹、球形铁锰结核、由机械压实而形成的铁锰-有机质磐层胶结物质，pH 6.47。

Br1层，氧化还原层：28～81cm，淡棕灰色（10YR6/2，润），质地黏土，有很少的草本活根根系，团块状结构，发育程度强，土质很坚实，结构体表面有少量的铁锰斑纹、少量明显的铁锰胶膜、中等球形铁锰结核，有轻度亚铁反应，pH 6.66。

Br2层，氧化还原层：81～130cm，淡灰色（10YR7/1，润），质地壤土，鳞片状结构，发育程度强，土质坚实，结构体表面有中量的铁锰斑纹、少量球形铁锰结核、自然形成的铁锰氧化物盘层胶结物质，有轻度亚铁反应，pH 7.25。

图8-1 潮泥骨田土壤剖面
（明西街道蔡岗村）

表8–2 潮泥骨田（明西街道蔡岗村）土壤剖面形态学信息

剖面层次	取样深度（cm）	野外润态色调	野外润态明度	野外润态彩度	根系丰度	土壤质地	结构	发育程度	结持性	新生体丰度	新生体斑纹组成物质
Ap1	0～18	7.5YR	5	3	中等	黏壤土	团块状	很强	坚实	中等	铁/锰
Ap2	18～28	7.5YR	6	3	少	黏壤土	团块状	很强	很坚实	很少	铁/锰
Br1	28～81	10YR	6	2	很少	黏土	团块状	强	很坚实	少	铁/锰
Br2	81～130	10YR	7	1	无	壤土	鳞片状	强	坚实	中等	铁/锰

表8–3 潮泥骨田（明西街道蔡岗村）土壤容重与质地

剖面层次	容重（g/cm³）	机械组成（%）				土壤质地
		0.002mm以下	0.002～0.02mm	0.02～0.2mm	0.2～2mm	
Ap1	1.18	11.2	62.0	26.4	0.4	黏壤土
Ap2	1.37	6.3	58.8	34.8	0.1	黏壤土
Br1	1.49	29.5	43.0	27.2	0.3	黏土
Br2	1.48	39.9	42.4	15.2	2.5	壤土

表8–4 潮泥骨田（明西街道蔡岗村）土壤交换性养分含量

剖面层次	含水量（%）	pH	交换性酸总量[cmol(H⁺+1/3Al³⁺)/kg]	交换性氢离子[cmol(H⁺)/kg]	交换性铝离子[cmol(1/3Al³⁺)/kg]	阳离子交换量[cmol(+)/kg]
Ap1	3.8	6.07	0.10	<0.10	0.10	24.79
Ap2	3.3	6.47	<0.10	<0.10	<0.10	23.87
Br1	4.4	6.66	<0.10	<0.10	<0.10	27.14
Br2	4.7	7.25	<0.10	<0.10	<0.10	29.34

剖面层次	交换性盐基总量[cmol(+)/kg]	交换性钙[cmol(+)/kg]	交换性镁[cmol(+)/kg]	交换性钠[cmol(+)/kg]	交换性钾[cmol(+)/kg]	水溶性盐总量（g/kg）	电导率（mS/cm）
Ap1	18.0	12.4	4.20	0.59	0.56	0.61	0.14
Ap2	20.6	13.6	4.66	0.65	0.45	0.73	0.17
Br1	21.9	14.8	5.94	0.65	0.43	0.67	0.16
Br2	22.1	14.4	6.21	0.49	0.49	0.48	0.10

表8–5 潮泥骨田（明西街道蔡岗村）土壤水溶性养分含量表

剖面层次	水溶性钠离子[cmol(Na⁺)/kg]	水溶性钾离子[cmol(K⁺)/kg]	水溶性钙离子[cmol(1/2Ca²⁺)/kg]	水溶性镁离子[cmol(1/2Mg²⁺)/kg]
Ap1	0.341	0.049	0.18	0.10
Ap2	0.431	0.015	0.26	0.15
Br1	0.456	0.012	0.26	0.14
Br2	0.324	0.008	0.15	0.09

剖面层次	水溶性碳酸根[cmol(1/2CO₃²⁻)/kg]	水溶性碳酸氢根[cmol(HCO₃⁻)/kg]	水溶性硫酸根[cmol(1/2SO₄²⁻)/kg]	水溶性氯离子[cmol(Cl⁻)/kg]	离子总量（g/kg）
Ap1	0.02	0.09	0.26	0.36	0.46
Ap2	0.03	0.13	0.43	0.36	0.60
Br1	0.04	0.19	0.45	0.31	0.63
Br2	0.03	0.14	0.27	0.18	0.41

表8-6 潮泥骨田（明西街道蔡岗村）土壤全量养分含量

剖面层次	有机质（g/kg）	碳酸钙（g/kg）	全氮（g/kg）	全磷（g/kg）	全钾（g/kg）	全硫（g/kg）	全硼（mg/kg）	全铁（mg/kg）
Ap1	30.10	4	1.560	0.57	18.5	0.24	41.23	2.47×10^4
Ap2	15.90	5	0.982	0.43	16.7	0.21	35.86	2.79×10^4
Br1	11.70	3	0.493	0.29	15.8	0.10	40.01	2.98×10^4
Br2	4.29	4	0.450	0.28	19.1	0.10	38.57	3.69×10^4

剖面层次	全锰（mg/kg）	全铜（mg/kg）	全锌（mg/kg）	全钼（mg/kg）	全铝（%）	全硅（%）	全钙（%）	全镁（%）
Ap1	433	20.5	51.8	0.599	8.44	32.9	0.69	0.74
Ap2	832	21.1	53.3	0.424	9.41	33.2	0.72	0.68
Br1	694	22.6	57.7	0.450	8.94	36.7	0.81	0.91
Br2	1 104	24.3	58.8	0.466	8.98	28.6	0.59	0.73

表8-7 潮泥骨田（明西街道蔡岗村）土壤有效养分含量（mg/kg）

剖面层次	有效磷	缓效钾	速效钾	有效硫	有效硅	有效铁	有效锰	有效铜	有效锌	有效硼	有效钼
Ap1	16.1	390	266	32.45	149.14	257.3	25.7	2.23	0.56	0.37	0.16
Ap2	8.7	379	133	34.93	207.86	85.3	31.0	2.16	0.38	0.26	0.06
Br1	5.6	378	153	22.72	306.37	33.6	26.4	1.38	0.25	0.16	0.05
Br2	2.2	382	126	43.23	441.79	11.9	18.3	0.12	0.13	0.09	0.03

8.2.4 生产性能综述 该剖面土地利用类型为水田，土壤质地黏壤土至壤土，湿耕黏犁滞耙，干耕坷垃大，适耕期短，供肥性差，部分田块因地势低平，雨季排水不当常受涝渍，但土壤保肥性好。今后改良上应完善水利设施，防止雨季作物受涝渍，部分有次生潜育的田块，还应开深沟沥水，提倡浅水勤灌，及时烤田。

8.3 郎溪湖泥田

8.3.1 归属与分布 二普的土种名为湖泥田。土壤发生学分类：水稻土土类，潴育水稻土亚类，湖泥田土属，郎溪湖泥田土种。中国土壤系统分类：人为土土纲，水耕人为土亚纲，铁聚水耕人为土土类，普通铁聚水耕人为土亚类。郎溪湖泥田是湖泊静水沉积物经水耕熟化发育而成的水稻土。仅分布在女山湖镇和潘村镇，面积不大，只有440.91hm²。

8.3.2 主要性状 该土种母质为湖积物，土壤剖面为Ap1-Ap2-Br型。耕作层有较多的锈纹锈斑，犁底层厚而紧实；渗育层发育较好，垂直节理明显，结构体表面胶膜厚，有光泽，可见水分垂直下渗的痕迹，锈斑碎且少；潴育层因受地下水的影响，通透不良，氧化还原作用不明显，发育较弱。质地均一，为黏土。郎溪湖泥田地势较低，地下水位较高，常出现在40～60cm处。土体内常夹有少量贝壳、螺蛳壳。

二普的剖面数据显示：该土种的耕作层厚度平均12.5cm，最大13cm，最小12cm；犁底层厚度平均10.5cm，最大12.9cm，最小9cm；渗育层厚度平均34.5cm，最大40cm，最小29cm；潴育层厚度平均52.5cm，最大60cm，最小45cm。土体呈微酸性至中性反应，pH 6.0～6.8。二普的表层土壤农化样结果显示：郎溪湖泥田土性冷，养分不易转化，速效养分含量较低，耕作层有机质含量10.3g/kg、全氮0.76g/kg、有效磷4mg/kg左右、速效钾112mg/kg左右，物理性黏粒含量在50%左右，pH 6.0～7.0。

三普的9个表层土壤农化样分析结果统计显示：土壤耕作层厚度21.0cm，土壤pH 7.1，土壤有机质含量23.24g/kg、全氮1.32g/kg、有效磷14.22mg/kg、速效钾219.56mg/kg，阳离子交换量23.15cmol(+)/kg，土壤容重1.26g/cm³。

8.3.3 典型剖面
典型剖面样是1982年11月8日采自涧溪乡徐嘴东北200m处，土壤理化性状如表8-8所示。

Ap1层，耕作层：0～13cm，暗棕灰色，质地黏壤土，小块状结构，土质稍紧，有少量锈纹锈斑和铁锰结核，pH 6.4。

Ap2层，犁底层：13～23cm，黄灰色，质地黏土，块状结构，土质稍紧，有少量锈纹锈斑和铁锰结核，pH 6.6。

Br1层，氧化还原层：23～54cm，黄灰色，质地黏土，棱柱状结构，土质紧实，有少量胶膜，pH 6.5。

Br2层，氧化还原层：54～110cm，棕褐色，质地黏土，棱块状结构，土质紧实，有少量雏形铁锰结核，pH 6.9。

表8-8 郎溪湖泥田土壤剖面理化性状分析

剖面层次	取样深度（cm）	有机质（g/kg）	全氮（g/kg）	有效磷（mg/kg）	速效钾（mg/kg）	全磷（g/kg）	全钾（g/kg）	pH
Ap1	0～13	10.1	0.84	5	115	0.34	115	7.0
Ap2	13～23	7.7	0.59	2	108	0.33	108	6.6
Br1	23～54	5.8	0.45	1	125	0.29	125	6.8
Br2	54～110	3.1	0.25	2	105	0.25	105	7.5

剖面层次	容重（g/cm³）	阳离子交换量[cmol(+)/kg]	机械组成（%）					土壤质地
			0.05～1.0mm	0.01～0.05mm	0.005～0.01mm	0.001～0.005mm	0.001mm以下	
Ap1	1.38	20.7	7.77	16.28	13.40	13.40	31.53	黏壤土
Ap2	1.46	20.4	9.95	13.74	16.07	16.07	33.31	黏土
Br1		24.2	8.94	17.83	16.10	16.10	37.66	黏土
Br2		21.0	6.62	12.84	11.62	11.62	34.39	黏土

8.3.4 生产性能综述
郎溪湖泥田土质较黏重，耕性较差，适耕期只有3～5d，由于耕种年代较短，耕作层较浅，土壤通透性较弱。潜在养分较高，保水保肥性强，作物生长前期供肥弱。因此，插秧后秧苗落黄时间较长，返青较慢，分蘖迟缓。由于地势低，旱作时易积水产生渍害，受洪涝威胁严重。利用方式为稻-麦两熟，水稻产量

5 250kg/hm² 左右，小麦产量 3 750kg/hm² 左右。今后应做好防洪排涝工作，改善土壤质地，提高粮食产量。

8.4 旌德砂泥田

8.4.1 归属与分布 二普的土种名为麻石砂泥田。土壤发生学分类：水稻土土类，潴育水稻土亚类，麻砂泥田土属，旌德砂泥田土种。中国土壤系统分类：人为土土纲，水耕人为土亚纲，简育水耕人为土土类，普通简育水耕人为土亚类。主要分布在明南街道和桥头镇，由花岗岩或片麻花岗岩风化的坡积物经长期水耕熟化发育而成，面积 100.24hm²，土体中有一定的砂砾含量，犁耕时能听到沙沙响声。

8.4.2 主要性状 旌德砂泥田所处部位较高，土壤剖面为 Ap1-Ap2-Br 型，多分布在两丘之间冲涧，全市面积不大，分布零碎。二普的剖面数据显示：耕作层厚度平均 14cm，最大 15cm，最小 13cm；犁底层厚度平均 10.7cm，最大 13cm，最小 10cm；Br1 层厚度平均 28.7cm，最大 45cm，最小 23cm；Br2 层厚度平均 32cm，最大 63.4cm，最小 20cm。由于旌德砂泥田所处位置较高，排灌条件好，土体中无障碍层次，通透性较好，种植方式基本上都是水旱轮作，氧化还原交替进行。土层以块状结构为主，松紧度也较适中，颜色多为褐色，质地以壤土为主。耕作层有大量锈纹锈斑，有时可见少量褐色圆滑的铁锰结核。土体中有一定的砂粒含量，有的剖面耕作层出现石砾。土体层次较清晰，界线整齐。全剖面呈微酸性反应，pH 在 6.0 左右。

三普的 1 个表层土壤农化样分析结果统计显示：土壤耕作层厚度 28.0cm，土壤 pH 5.6，土壤有机质含量 34.40g/kg、全氮 2.04g/kg、有效磷 1.80mg/kg、速效钾 196.00mg/kg，阳离子交换量 32.04cmol(+)/kg，土壤容重 1.22g/cm³。

8.4.3 典型剖面 典型剖面样是 1983 年 12 月 8 日采自管店镇小夏东北。土壤理化性状如表 8-9 所示。

Ap1 层，耕作层：0～14cm，棕灰色，质地壤土，块状结构，土质稍紧，有锈纹锈斑和铁锰结核，有少量砂粒和石块，pH 6.0。

Ap2 层，犁底层：14～25cm，暗灰色，质地粉壤土，块状结构，土质紧实，有少量锈纹和铁锰结核，pH 6.2。

Br1 层，氧化还原层：25～58cm，灰褐色，质地粉壤土，块状结构，土质紧实，pH 6.0。

Br2 层，氧化还原层：58～107cm，暗棕褐色，质地壤土，块状结构，土质紧实，pH 6.0。

旌德砂泥田养分含量较高。耕作层有机质含量平均 16.1g/kg，最大 17.4g/kg，最小 13.4g/kg；全氮含量平均 12.8g/kg；有效磷含量平均 10mg/kg，最大 11mg/kg，最小 8mg/kg；速效钾含量平均 177mg/kg，最大 192mg/kg，最小 139mg/kg。土壤容重 1.36g/cm³，砂粒含量在 43% 左右。

表8-9 旌德砂泥田土壤剖面理化性状分析

剖面层次	取样深度（cm）	有机质（g/kg）	全氮（g/kg）	有效磷（mg/kg）	速效钾（mg/kg）	全磷（g/kg）	全钾（g/kg）	pH
Ap1	0～14	17.2	1.12	2	53	1.45	18.3	6.5
Ap2	14～25	13.9	1.00	2	50	0.46	18.0	6.6
Br1	25～58	10.5	0.89	5	58	0.45	16.0	6.7
Br2	58～107	4.9	0.31	3	61	0.31	11.4	6.2

剖面层次	容重（g/cm³）	阳离子交换量[cmol(+)/kg]	机械组成（粒径mm）（%）					土壤质地
			0.05～1.0mm	0.01～0.05mm	0.005～0.01mm	0.001～0.005mm	0.001mm以下	
Ap1	1.36	13.0	56.38	12.51	5.39	4.90	15.85	壤土
Ap2	1.41	17.0	47.57	17.92	4.93	9.55	18.68	粉壤土
Br1		17.5	46.36	15.72	8.28	6.70	22.94	粉壤土
Br2		12.9	54.49	25.48	4.02	6.08	9.93	壤土

8.4.4 生产性能综述 旌德砂泥田耕作层质地为壤土，耕性较好，适耕期7～10d，土性暖，早春易发苗，土壤供肥性强，秧苗栽插后返青快，但土壤保水保肥性不太好，全生育期平缓，施肥效果不明显，一般以碳铵和过磷酸钙作基肥，尿素作追肥较好。复种指数较高，利用方式为稻-麦或稻-油两熟，水稻产量9 000kg/hm²左右、小麦产量7 500kg/hm²左右。

8.5 暗砂泥田

8.5.1 归属与分布 由二普的细粒砂泥田和瘦细粒砂泥田归并而成。土壤发生学分类：水稻土土类，潴育水稻土亚类，暗砂泥田土属，暗砂泥田土种。中国土壤系统分类：人为土土纲，水耕人为土亚纲，简育水耕人为土土类，普通简育水耕人为土亚类。主要分布在三界镇、张八岭镇和管店镇，面积1 578.09hm²，位于丘间冲沟内，是角斑岩坡积物经长期水耕熟化发育而成。

8.5.2 主要性状 该土种的母质为角斑岩的坡积物，养分含量较高，肥力中等。土壤剖面为Ap1-Ap2-Br型，中壤土偏黏土，耕作层有大量绣纹锈斑，剖面可见少量铁锰结核，坚硬，大小似油菜籽。犁底层呈棱块状结构，少量田块耕作层可见到鳝血斑，潴育层发育较好，剖面层理明显，呈棱柱状结构，各层次过渡明显，土体中夹有少量砂粒，迎着阳光可见银光闪闪的白云母颗粒。

三普的15个表层土壤农化样分析结果统计显示：土壤耕作层厚度19.4cm，土壤pH 5.8，土壤有机质含量17.18g/kg，全氮1.09g/kg、有效磷22.11mg/kg、速效钾146.87mg/kg，阳离子交换量18.29cmol(+)/kg，土壤容重1.28g/cm³。

8.5.3 调查剖面 该剖面位于三界镇三界村，海拔68.39m，采样时间为2022年11月

6日，土壤剖面如图8-2所示，母质为角斑岩的坡积物。土体润态色调7.5YR，润态明度3～6，润态彩度1～3。地形部位为低丘坡下部。种植制度为一年两熟，当季作物为水稻，另一季休耕。土壤较紧实，质地为壤土-黏壤土，耕作层发育较好，没有母质特性，有大量铁锰斑纹；犁底层发育也较好，基本没有母质特性，有少量铁锰斑纹；pH微酸至中性。土壤理化性状如表8-10至表8-16所示。

图8-2　暗砂泥田的土壤剖面
（三界镇三界村）

　　Ap1层，耕作层：0～13cm，浊棕色（7.5YR6/3，润），质地壤土，团块状结构，植物根系数量中等，土质坚实，没有母质特性，有大量铁锰斑纹，pH 6.06。

　　Ap2层，犁底层：13～18cm，浊棕色（7.5YR6/3，润），质地壤土，棱块状结构，植物根系少，土质很坚实，基本没有母质特性，有少量铁锰斑纹，pH 6.07。

　　Br1层，氧化还原层：18～60cm，黑棕色（7.5YR3/1，润），质地壤土，棱块状结构，植物根系无，土质很坚实，保留少量母质特性，无铁锰斑纹，pH 6.31。

　　Br2层，氧化还原层：60～92cm，灰棕色（7.5YR4/2，润），质地黏壤土，棱块状结构，植物根系无，土质很坚实，保留部分母质特性，无铁锰斑纹，pH 6.97。

　　Br3层，氧化还原层：92～120cm，棕色（7.5YR4/3，润），质地黏壤土，棱块状结构，植物根系无，土质很坚实，保留大部分母质特性，无铁锰斑纹，pH 7.38。

　　8.5.4　生产性能　土壤保肥蓄水能力强，耕性好，适耕期8d左右，秧苗栽插时不漂苗、不澄土，耕耙土块细碎大小适中，秧苗栽插后返青早，分蘖多，土壤供肥平缓，施肥见效快，后劲较长，以施化肥为主。一般一年两熟，稻-麦或稻-油轮作，利用率较高，很少休耕。应搞好土壤的用养结合，合理施用化肥，增施有机肥。

表8-10　暗砂泥田（三界镇三界村）土壤剖面形态学信息

剖面层次	取样深度（cm）	野外润态色调	野外润态明度	野外润态彩度	根系丰度	土壤质地	结构	发育程度	结持性	新生体丰度	新生体斑纹组成物质	酸碱性
Ap1	0～13	7.5YR	6	3	中等	壤土	团块状	很强	坚实	多	铁/锰	酸性
Ap2	13～18	7.5YR	6	3	少	壤土	棱块状	强	很坚实	少	铁/锰	酸性
Br1	18～60	7.5YR	3	1	无	壤土	棱块状	中等	很坚实	无		中性
Br2	60～92	7.5YR	4	2	无	黏壤土	棱块状	弱	很坚实	无		中性
Br3	92～120	7.5YR	4	3	无	黏壤土	棱块状	很弱	很坚实	无		中性

表8-11 暗砂泥田（三界镇三界村）土壤容重与质地

剖面层次	容重（g/cm³）	机械组成（%）				土壤质地
		0.002mm以下	0.002～0.02mm	0.02～0.2mm	0.2～2mm	
Ap1	1.27	10.7	35.1	47.0	7.2	壤土
Ap2	1.52	7.0	25.1	61.6	6.3	壤土
Br1	1.49	6.4	37.2	48.0	8.4	壤土
Br2	1.53	21.9	40.8	32.0	5.3	黏壤土
Br3	1.51	19.4	37.2	35.2	8.2	黏壤土

表8-12 暗砂泥田（三界镇三界村）表层土壤水稳性大团聚体含量

水稳性大团聚体直径	质量比例（%）	水稳性大团聚体直径	质量比例（%）
<0.25mm	66.5	2～3mm	1.4
0.25～0.5mm	15.8	3～5mm	2.0
0.5～1mm	5.8	5mm以上	5.2
1～2mm	3.2		

表8-13 暗砂泥田（三界镇三界村）土壤交换性养分含量

剖面层次	含水量（%）	pH	交换性酸总量 [cmol(H⁺+1/3Al³⁺)/kg]	交换性氢离子 [cmol(H⁺)/kg]	交换性铝离子 [cmol(1/3Al³⁺)/kg]	阳离子交换量 [cmol(+)/kg]
Ap1	3.1	6.06	0.13	<0.10	0.13	27.05
Ap2	3.5	6.07	0.10	<0.10	0.10	26.93
Br1	4.2	6.31	<0.10	<0.10	<0.10	18.55
Br2	3.9	6.97	<0.10	<0.10	<0.10	21.20
Br3	4.0	7.38	<0.10	<0.10	<0.10	17.51

剖面层次	交换性盐基总量 [cmol(+)/kg]	交换性钙 [cmol(+)/kg]	交换性镁 [cmol(+)/kg]	交换性钠 [cmol(+)/kg]	交换性钾 [cmol(+)/kg]	水溶性盐总量（g/kg）	电导率（mS/cm）
Ap1	11.4	7.87	2.60	0.38	0.29	0.43	0.10
Ap2	11.6	8.07	2.49	0.43	0.26	0.45	0.11
Br1	15.8	11.30	3.38	0.54	0.29	0.53	0.12
Br2	16.8	11.60	4.07	0.43	0.30	0.22	0.05
Br3	14.6	10.20	3.56	0.32	0.28	0.24	0.05

表8-14 暗砂泥田（三界镇三界村）土壤水溶性养分含量

剖面层次	水溶性钠离子 [cmol(Na⁺)/kg]	水溶性钾离子 [cmol(K⁺)/kg]	水溶性钙离子 [cmol(1/2Ca²⁺)/kg]	水溶性镁离子 [cmol(1/2Mg²⁺)/kg]
Ap1	0.196	0.006	0.15	0.09
Ap2	0.214	0.005	0.17	0.10
Br1	0.350	0.005	0.19	0.10
Br2	0.128	0.005	0.08	0.05
Br3	0.131	0.005	0.08	0.05

（续）

剖面层次	水溶性碳酸根 [cmol(1/2CO₃²⁻)/kg]	水溶性碳酸氢根 [cmol(HCO₃⁻)/kg]	水溶性硫酸根 [cmol(1/2SO₄²⁻)/kg]	水溶性氯离子 [cmol(Cl⁻)/kg]	离子总量（g/kg）
Ap1	0.04	0.13	0.16	0.26	0.35
Ap2	0.02	0.09	0.17	0.29	0.34
Br1	0.05	0.37	0.26	0.07	0.51
Br2	0.03	0.15	0.07	0.09	0.22
Br3	0.02	0.17	0.08	0.10	0.23

表8-15　暗砂泥田（三界镇三界村）土壤全量养分含量

剖面层次	有机质（g/kg）	碳酸钙（g/kg）	全氮（g/kg）	全磷（g/kg）	全钾（g/kg）	全硫（g/kg）	全硼（mg/kg）	全铁（mg/kg）
Ap1	18.70	10	1.110	0.34	17.2	0.22	29.98	2.34×10^4
Ap2	18.70	9	1.130	0.32	18.4	0.18	29.17	2.39×10^4
Br1	9.05	4	1.030	0.23	16.6	0.20	28.98	2.28×10^4
Br2	4.77	4	0.366	0.22	15.2	0.05	30.09	2.69×10^4
Br3	6.01	4	0.280	0.22	15.4	0.04	29.35	3.06×10^4

剖面层次	全锰（mg/kg）	全铜（mg/kg）	全锌（mg/kg）	全钼（mg/kg）	全铝（%）	全硅（%）	全钙（%）	全镁（%）
Ap1	622	13.0	52.9	0.408	6.29	43.0	0.47	0.43
Ap2	693	12.6	53.8	0.437	8.88	49.5	0.58	0.52
Br1	939	14.7	60.8	0.407	6.52	34.4	0.57	0.52
Br2	955	15.9	58.4	0.436	6.45	31.5	0.50	0.53
Br3	1 778	13.1	46.3	0.421	10.5	38.6	0.45	0.48

表8-16　暗砂泥田（三界镇三界村）土壤有效养分含量

剖面层次	有效磷（mg/kg）	缓效钾（mg/kg）	速效钾（mg/kg）	有效硫（mg/kg）	有效硅（mg/kg）	有效铁（mg/kg）
Ap1	3.7	289	109	17.52	157.41	108.5
Ap2	2.7	261	103	17.89	137.81	82.7
Br1	1.7	287	53	19.27	137.54	107.9
Br2	0.3	334	72	17.08	261.67	13.3
Br3	1.6	695	68	16.25	288.98	7.9

剖面层次	有效锰（mg/kg）	有效铜（mg/kg）	有效锌（mg/kg）	有效硼（mg/kg）	有效钼（mg/kg）	Fe₂O₃及游离铁（g/kg）
Ap1	29.3	3.38	0.84	0.28	0.04	3.7
Ap2	27.2	3.20	0.79	0.26	0.04	2.7
Br1	25.8	2.54	0.93	0.20	0.05	1.7
Br2	23.7	1.38	0.18	0.15	0.06	0.3
Br3	22.0	0.67	0.11	0.08	0.05	1.6

8.6 紫砂泥田

8.6.1 归属与分布 二普的土种名为紫砂泥田。土壤发生学分类：水稻土土类，潴育水稻土亚类，紫泥田土属，紫砂泥田土种。中国土壤系统分类：人为土土纲，水耕人为土亚纲，铁聚水耕人为土土类，普通铁聚水耕人为土亚类。主要分布在古沛镇、潘村镇和桥头镇，是紫色砂砾岩类坡积物经水耕熟化发育而成，面积709hm²。

8.6.2 主要性状 紫砂泥田多分布在塝冲间，地势比较高，地下水位在100cm左右。土壤剖面为Ap1-Ap2-Br型。二普的剖面数据显示：耕作层厚度平均12.3cm，犁底层厚度平均7.3cm，渗育层厚度平均35.9cm，潴育层厚度平均59.6cm。耕作层和犁底层有锈纹锈斑，质地粉壤土，小块状结构，紫棕色或红棕色，土体含砂砾较多。渗育层和潴育层发育较好，全剖面呈中性，pH 6.5～7.5。二普的农化样结果显示：耕作层有机质含量平均14.5g/kg，最大17.8g/kg，最小11.5g/kg；全氮含量平均0.65g/kg；有效磷含量平均4mg/kg，最大7mg/kg，最小3mg/kg；速效钾含量平均114mg/kg，最大226mg/kg，最小105mg/kg。土壤容重1.29g/cm³，pH 6.8呈中性。

三普的6个表层土壤农化样分析结果统计显示：土壤耕作层厚度20.7cm，土壤pH 6.0，土壤有机质含量16.40g/kg、全氮0.93g/kg、有效磷18.38mg/kg，速效钾125.67mg/kg，阳离子交换量26.72cmol(+)/kg，土壤容重1.25g/cm³。

8.6.3 典型剖面 典型剖面样是1983年12月27日采自紫阳乡范庄村西南150m处。土壤理化性状如表8-17所示。

Ap1层，耕作层：0～13cm，浅灰棕色，质地粉壤土，小块状结构，土质稍紧，有少量铁锰结核和锈斑，pH 6.8。

Ap2层，犁底层：13～22cm，灰棕色，质地粉壤土，块状结构，土质紧实，有锈纹锈斑，pH 6.8。

Br1层，氧化还原层（渗育层）：22～57cm，紫棕色，质地粉壤土，块状结构，土质紧实，pH 6.0。

Br2层，氧化还原层（潴育层）：57～125cm，红棕色，质地粉壤土，碎块状结构，土质紧实，有少量铁锰结核，pH 7.0。

表8-17 紫砂泥田土壤剖面理化性状分析

剖面层次	取样深度（cm）	有机质（g/kg）	全氮（g/kg）	有效磷（mg/kg）	速效钾（mg/kg）	全磷（g/kg）	全钾（g/kg）	pH
Ap1	0～13	17.4	1.32	5	67	0.42	23.2	5.7
Ap2	13～22	11.3	0.74	7	65	0.32	23.4	6.5
Br1	22～57	4.6	0.37	7	46	0.29	21.2	6.8
Br2	57～125	7.1	0.43	3	57	0.23	21.7	5.9

（续）

剖面层次	容重（g/cm³）	阳离子交换量[cmol(+)/kg]	机械组成（%）					土壤质地
			0.05～1.0mm	0.01～0.05mm	0.005～0.01mm	0.001～0.005mm	0.001mm以下	
Ap1	1.29	16.6	41.86	20.08	10.14	16.98	9.94	粉壤土
Ap2	1.49	17.4	42.52	19.21	6.20	11.15	20.92	粉壤土
Br1		13.2	63.85	11.96	4.74	7.01	12.44	粉壤土
Br2		16.1	44.26	20.19	10.16	17.18	8.20	粉壤土

8.6.4　**生产性能综述**　紫砂泥田所处地势较好，受旱涝威胁小，土壤熟化程度一般，耕性较好，适耕期在5d以上，有时耕田能听到沙沙响声，秧苗好栽插，返青适时，分蘖较早，但土壤后期肥劲不足，有早衰现象，土壤通透性好，保水保肥性能差。常年施农家肥22 500kg/hm²，化肥600～750kg/hm²。稻－麦轮作较多，水稻产量7 500kg/hm²左右，小麦产量6 000kg/hm²左右。今后应搞好农田配套，防止干旱，加深耕作层，不断提高单产和土壤肥力。

8.7　六安马肝田

8.7.1　**归属与分布**　由二普的马肝田、黑马肝田和瘦马肝田归并而成。土壤发生学分类：水稻土土类，潴育水稻土亚类，马肝泥田土属，六安马肝田土种。中国土壤系统分类：人为土土纲，水耕人为土亚纲，铁聚水耕人为土土类，普通铁聚水耕人为土亚类。该土种共有面积27 216.34hm²，是全市水稻土中面积较大的土种之一，水稻种植历史悠久，主要分布在女山湖镇、明西街道、桥头镇、明东街道、涧溪镇和苏巷镇。

8.7.2　**主要性状**　该土种的母质为黄土状物质，土壤剖面为Ap1-Ap2-Br型，质地黏重，黏粒含量30%～40%，尤以粉砂粒含量较高（42%～47%），有的剖面在底土层出现黏磐层或网纹层。该土种发育程度高，剖面发生层分异明显。耕作层深厚，多绣纹锈斑，有少量鳝血斑。犁底层下有渗育层，其厚度随潴育化作用加强而变薄，棱块状结构，结构体表面有锈色胶膜。潴育层发育较好，棱块状或棱柱状结构，有大量黄棕色胶膜，土体紧实，容重较大。土体润态色调7.5YR，润态明度4～6，润态彩度2～6。土壤质地为壤质黏土。

三普的346个表层土壤农化样分析结果统计显示：土壤耕作层厚度21.7cm，土壤pH 6.2，土壤有机质含量19.84g/kg、全氮1.15g/kg、有效磷12.06mg/kg、速效钾171.39mg/kg，阳离子交换量24.52cmol(+)/kg，土壤容重1.27g/cm³。

8.7.3　**调查剖面**

（1）剖面样品采自明东街道抹山村，海拔17.34m，采样时间为2022年10月21日，地形部位为低丘。有效土层厚度120cm。母质为黄土状物质。种植制度为一年两熟，稻－麦轮作，当季作物为水稻，土壤质地为壤质黏土，团块状至棱块状结构，土壤发育程度较好，几乎没有母质特性，土体中有少量铁锰斑纹，土壤呈中性至碱性。土壤剖面性状如图8-3、表8-18至表8-24所示。

Ap1层，耕作层：0～13cm，棕色（7.5YR4/3，润），质地黏壤土，团粒状结构，植物根系数量中等，土质疏松，基本没有母质特性，有少量铁锰斑纹，pH 5.80。

Ap2层，犁底层：13～24cm，灰棕色（7.5YR4/2，润），质地黏土，团块状结构，植物根系少，土质坚实，基本没有母质特性，有少量铁锰斑纹，pH 7.40。

Br1层，氧化还原层：24～49cm，橙色（7.5YR6/6，润），质地壤土，团块状结构，无植物根系，土质很疏松，基本没有母质特性，有少量铁锰斑纹，pH 8.09。

Br2层，氧化还原层：49～82cm，橙色（7.5YR6/6，润），质地黏土，棱柱状结构，无植物根系，土质坚实，保留少量母质特性，有少量铁锰斑纹，pH 8.41。

Br3层，氧化还原层：82～120cm，浊橙色（7.5YR6/4，润），质地黏土，棱块状结构，无植物根系，土质坚实，保留少量母质特性，有少量铁锰斑纹，pH 8.11。

图8-3　六安马肝田的土壤剖面
（明东街道抹山村-1）

表8-18　六安马肝田（明东街道抹山村-1）土壤剖面形态学信息

剖面层次	取样深度（cm）	野外润态色调	野外润态明度	野外润态彩度	根系丰度	土壤质地	结构	发育程度	结持性	新生体丰度	新生体斑纹组成物质	酸碱性
Ap1	0～13	7.5YR	4	3	中等	黏壤土	团粒状	强	疏松	少	铁/锰	酸性
Ap2	13～24	7.5YR	4	2	少	黏土	团块状	强	坚实	少	铁/锰	中性
Br1	24～49	7.5YR	6	6	无	壤土	团块状	强	很疏松	少	铁/锰	碱性
Br2	49～82	7.5YR	6	6	无	黏土	棱柱状	中等	坚实	少	铁/锰	碱性
Br3	82～120	7.5YR	6	4	无	黏土	棱块状	中等	坚实	少	铁/锰	碱性

表8-19　六安马肝田（明东街道抹山村-1）土壤容重与质地

剖面层次	容重（g/cm³）	机械组成（%）				土壤质地
		0.002mm以下	0.002～0.02mm	0.02～0.2mm	0.2～2mm	
Ap1	1.43	10.1	56.4	32.3	1.2	黏壤土
Ap2	1.42	32.0	39.4	25.7	2.9	黏土
Br1	1.52	40.1	30.6	26.9	2.4	黏土
Br2	1.37	39.2	36.2	23.2	1.4	黏土
Br3	1.28	38.9	42.0	18.1	1.0	黏土

表8-20 六安马肝田（明东街道抹山村-1）表层土壤水稳性大团聚体含量

水稳性大团聚体直径	质量比例（%）	水稳性大团聚体直径	质量比例（%）
＜0.25mm	67.4	2～3mm	1.0
0.25～0.5mm	16.6	3～5mm	1.6
0.5～1mm	8.5	5mm以上	1.5
1～2mm	3.4		

表8-21 六安马肝田（明东街道抹山村-1）土壤交换性养分含量

剖面层次	含水量（%）	pH	交换性酸总量 [cmol(H$^+$+1/3Al^{3+})/kg]	交换性氢离子 [cmol(H$^+$)/kg]	交换性铝离子 [cmol(1/3Al^{3+})/kg]	阳离子交换量 [cmol(+)/kg]
Ap1	3.4	5.80	0.26	＜0.10	0.26	27.17
Ap2	3.8	7.40	＜0.10	＜0.10	＜0.10	31.14
Br1	7.7	8.09	＜0.10	＜0.10	＜0.10	16.10
Br2	6.2	8.41	＜0.10	＜0.10	＜0.10	17.65
Br3	6.3	8.11	＜0.10	＜0.10	＜0.10	26.95

剖面层次	交换性盐基总量 [cmol(+)/kg]	交换性钙 [cmol(+)/kg]	交换性镁 [cmol(+)/kg]	交换性钠 [cmol(+)/kg]	交换性钾 [cmol(+)/kg]	水溶性盐总量（g/kg）	电导率（mS/cm）
Ap1	18.4	12.20	4.54	0.68	0.52	0.53	0.12
Ap2	24.4	17.40	5.60	0.49	0.44	0.80	0.17
Br1	12.3	7.20	4.70	0.28	0.12	0.76	0.17
Br2	14.4	9.43	4.47	0.39	0.14	0.53	0.12
Br3	22.4	12.50	9.35	0.41	0.15	0.36	0.09

表8-22 六安马肝田（明东街道抹山村-1）土壤水溶性养分含量

剖面层次	水溶性钠离子 [cmol(Na$^+$)/kg]	水溶性钾离子 [cmol(K$^+$)/kg]	水溶性钙离子 [cmol(1/2Ca^{2+})/kg]	水溶性镁离子 [cmol(1/2Mg^{2+})/kg]
Ap1	0.276	0.024	0.22	0.11
Ap2	0.414	0.009	0.33	0.15
Br1	0.478	0.008	0.29	0.13
Br2	0.353	0.002	0.21	0.09
Br3	0.284	0.002	0.18	0.08

剖面层次	水溶性碳酸根 [cmol(1/2CO$_3^{2-}$)/kg]	水溶性碳酸氢根 [cmol(HCO$_3^-$)/kg]	水溶性硫酸根 [cmol(1/2SO$_4^{2-}$)/kg]	水溶性氯离子 [cmol(Cl$^-$)/kg]	离子总量（g/kg）
Ap1	0.02	0.12	0.22	0.31	0.42
Ap2	0.06	0.20	0.36	0.35	0.62
Br1	0.09	0.26	0.41	0.25	0.66
Br2	0.02	0.32	0.26	0.13	0.52
Br3	0.03	0.19	0.15	0.10	0.34

表8-23　六安马肝田（明东街道抹山村-1）土壤全量养分含量

剖面层次	有机质（g/kg）	碳酸钙（g/kg）	全氮（g/kg）	全磷（g/kg）	全钾（g/kg）	全硫（g/kg）	全硼（mg/kg）	全铁（mg/kg）
Ap1	22.80	4	1.190	0.34	13.5	0.14	38.17	2.55×10^4
Ap2	7.24	4	0.397	0.20	12.2	0.09	40.30	2.98×10^4
Br1	1.52	4	0.331	0.21	16.7	0.09	42.89	4.21×10^4
Br2	3.81	5	0.320	0.21	21.5	0.07	46.09	4.51×10^4
Br3	2.25	4	0.263	0.30	22.8	0.05	40.01	4.40×10^4

剖面层次	全锰（mg/kg）	全铜（mg/kg）	全锌（mg/kg）	全钼（mg/kg）	全铝（%）	全硅（%）	全钙（%）	全镁（%）
Ap1	488	19.6	42.7	0.430	7.64	30.5	0.60	0.52
Ap2	1 235	23.2	46.8	0.377	9.92	30.9	0.67	0.62
Br1	960	27.3	61.7	0.386	12.80	27.1	0.81	0.92
Br2	1 083	28.7	67.4	0.277	10.20	34.3	0.69	0.90
Br3	894	27.9	70.3	0.268	7.21	35.2	0.81	1.00

表8-24　六安马肝田（明东街道抹山村-1）土壤有效养分含量（mg/kg）

剖面层次	有效磷	缓效钾	速效钾	有效硫	有效硅	有效铁	有效锰	有效铜	有效锌	有效硼	有效钼
Ap1	10.2	294	179	16.81	147.34	145.1	31.6	2.74	0.54	0.34	0.05
Ap2	0.5	383	125	27.17	420.42	9.6	7.4	0.59	0.10	0.16	0.03
Br1	0.2	508	183	10.33	527.42	6.5	2.9	0.21	0.08	0.08	0.01
Br2	0.3	637	191	4.92	577.21	5.7	1.7	0.32	0.12	0.04	0.01
Br3	0.5	595	157	1.62	562.70	4.5	1.5	0.28	0.09	0.05	0.01

（2）剖面样品采自古沛镇大夏村，海拔12.4m，地形部位为坡麓，地势平坦，采样时间为2022年10月15日，母质为黄土状物质。种植制度为一年两熟，稻-麦轮作，当季作物为水稻。第三次全国国土调查数据显示该点位是旱地，有可能二普是水田，在二普和第三次全国国土调查之间经历过水改旱，2019年底又从旱地改为水田。土壤剖面性状如图8-4、表8-25至表8-31所示。

Ap1层，耕作层：0～15cm，黄棕色（10YR5/5，润），质地黏壤土，团粒状结构，土壤发育程度强，pH 7.22。

Ap2层，犁底层：15～23cm，黄棕色（10YR5/5，润），质地黏土，团块状结构，植物根系很少，土质坚实，无铁锰斑纹，pH 7.60。

Br1层，氧化还原层：23～75cm，黄棕色（10YR5/5，

图8-4　六安马肝田的土壤剖面（古沛镇大夏村）

润），质地黏土，团块状结构，无植物根系，土质坚实，有少量铁锰斑纹，pH 7.71。

Br2层，氧化还原层：75～120cm，黄棕色（10YR5/5，润），质地黏土，棱块状结构，无植物根系，土质坚实，有中等数量的铁锰斑纹，pH 7.36。

表8-25　六安马肝田（古沛镇大夏村）土壤剖面形态学信息

剖面层次	取样深度（cm）	野外润态色调	野外润态明度	野外润态彩度	根系丰度	土壤质地	结构	发育程度	结持性	新生体丰度	新生体斑纹组成物质	酸碱性
Ap1	0～15	10YR	5	5	多	黏壤土	团粒状	强	疏松	无		中性
Ap2	15～23	10YR	5	5	很少	黏土	团块状	中等	坚实	无		碱性
Br1	23～75	10YR	5	5	无	黏土	团块状	中等	坚实	少	铁/锰	碱性
Br2	75～120	10YR	5	5	无	黏土	棱块状	弱	坚实	中等	铁/锰	中性

表8-26　六安马肝田（古沛镇大夏村）土壤容重与质地

剖面层次	容重（g/cm³）	机械组成（%）				土壤质地
		0.002mm以下	0.002～0.02mm	0.02～0.2mm	0.2～2mm	
Ap1	1.28	23.7	41.0	30.5	4.8	黏壤土
Ap2	1.52	25.4	37.9	33.9	2.8	黏土
Br1	1.48	29.1	37.7	31.4	1.8	黏土
Br2	1.56	25.9	42.2	30.0	1.9	黏土

表8-27　六安马肝田（古沛镇大夏村）表层土壤水稳性大团聚体含量

水稳性大团聚体直径	质量比例（%）	水稳性大团聚体直径	质量比例（%）
＜0.25mm	80.2	2～3mm	0.3
0.25～0.5mm	8.0	3～5mm	0.6
0.5～1mm	3.3	5mm以上	6.7
1～2mm	1.1		

表8-28　六安马肝田（古沛镇大夏村）土壤交换性养分含量

剖面层次	含水量（%）	pH	交换性酸总量 [cmol(H⁺+1/3Al³⁺)/kg]	交换性氢离子 [cmol(H⁺)/kg]	交换性铝离子 [cmol(1/3Al³⁺)/kg]	阳离子交换量 [cmol(+)/kg]
Ap1	4.3	7.22	＜0.10	＜0.10	＜0.10	27.11
Ap2	4.7	7.60	＜0.10	＜0.10	＜0.10	18.36
Br1	5.0	7.71	＜0.10	＜0.10	＜0.10	19.21
Br2	3.9	7.36	＜0.10	＜0.10	＜0.10	24.38

剖面层次	交换性盐基总量 [cmol(+)/kg]	交换性钙 [cmol(+)/kg]	交换性镁 [cmol(+)/kg]	交换性钠 [cmol(+)/kg]	交换性钾 [cmol(+)/kg]	水溶性盐总量（g/kg）	电导率（mS/cm）
Ap1	22.3	15.40	5.45	0.71	0.52	0.63	0.15
Ap2	12.6	6.82	5.08	0.37	0.28	0.43	0.10
Br1	12.0	7.33	4.11	0.37	0.19	0.36	0.08
Br2	16.9	9.89	6.12	0.54	0.33	0.30	0.06

表8-29 六安马肝田（古沛镇大夏村）土壤水溶性养分含量

剖面层次	水溶性钠离子 [cmol(Na⁺)/kg]	水溶性钾离子 [cmol(K⁺)/kg]	水溶性钙离子 [cmol(1/2Ca²⁺)/kg]	水溶性镁离子 [cmol(1/2Mg²⁺)/kg]
Ap1	0.250	0.045	0.33	0.19
Ap2	0.216	0.007	0.25	0.14
Br1	0.173	0.002	0.22	0.13
Br2	0.148	0.002	0.15	0.11

剖面层次	水溶性碳酸根 [cmol(1/2CO₃²⁻)/kg]	水溶性碳酸氢根 [cmol(HCO₃⁻)/kg]	水溶性硫酸根 [cmol(1/2SO₄²⁻)/kg]	水溶性氯离子 [cmol(Cl⁻)/kg]	离子总量 (g/kg)
Ap1	0.12	0.07	0.34	0.23	0.50
Ap2	0.03	0.25	0.13	0.22	0.42
Br1	0.02	0.14	0.11	0.18	0.31
Br2	0.09	0.14	0.09	0.12	0.28

表8-30 六安马肝田（古沛镇大夏村）土壤全量养分含量

剖面层次	有机质 (g/kg)	碳酸钙 (g/kg)	全氮 (g/kg)	全磷 (g/kg)	全钾 (g/kg)	全硫 (g/kg)	全硼 (mg/kg)	全铁 (mg/kg)
Ap1	25.90	4	1.540	0.47	16.2	0.20	35.94	3.25×10^4
Ap2	7.96	4	0.711	0.36	21.8	0.10	39.96	3.37×10^4
Br1	5.59	7	0.532	0.27	23.3	0.08	40.54	3.68×10^4
Br2	2.81	4	0.218	0.27	21.9	0.05	35.98	3.06×10^4

剖面层次	全锰 (mg/kg)	全铜 (mg/kg)	全锌 (mg/kg)	全钼 (mg/kg)	全铝 (%)	全硅 (%)	全钙 (%)	全镁 (%)
Ap1	1 056	20.6	51.3	0.577	6.66	32.4	0.71	0.64
Ap2	1 151	21.9	54.0	0.576	7.34	31.9	0.57	0.60
Br1	950	23.3	55.7	0.553	6.11	31.5	0.77	0.87
Br2	805	19.5	49.6	0.514	5.27	44.1	0.62	0.71

表8-31 六安马肝田（古沛镇大夏村）土壤有效养分含量（mg/kg）

剖面层次	有效磷	缓效钾	速效钾	有效硫	有效硅	有效铁	有效锰	有效铜	有效锌	有效硼	有效钼
Ap1	15.7	684	320	16.08	452.22	115.5	18.7	3.83	1.42	0.52	0.10
Ap2	6.7	770	166	4.85	466.91	34.5	28.5	2.51	0.45	0.26	0.09
Br1	1.4	661	138	6.01	457.42	19.8	22.0	1.46	0.29	0.21	0.05
Br2	2.8	531	123	12.61	378.24	14.2	21.2	0.87	0.24	0.14	0.06

（3）剖面样品采自明东街道抹山村，海拔14.2m，采样时间为2022年8月17日，母质为黄土状物质。地形部位为低丘，现土地利用现状为旱地，种植制度一年两熟，麦–豆轮

作，当季作物为大豆。土壤剖面性状如图8-5、表8-32至表8-38所示。

Ap1层，耕作层：0～20cm，质地黏土，团粒状结构，植物根系数量中等，土质疏松，保留少量母质特性，无铁锰斑纹，pH 4.97。

Ap2层，犁底层：20～34cm，质地黏土，棱块状结构，植物根系少，土质坚实，基本没有母质特性，有少量铁锰斑纹，pH 6.85。

Br1层，氧化还原层：34～85cm，质地黏土，棱柱状结构，植物根系很少，土质坚实，基本没有母质特性，有少量铁锰斑纹，pH 7.07。

Br2层，氧化还原层：85～120cm，质地黏土，棱块状结构，植物根系很少，土质坚实，保留少量母质特性，有少量铁锰斑纹，pH 7.09。

图8-5 六安马肝田的土壤剖面（明东街道抹山村-2）

表8-32 六安马肝田（明东街道抹山村-2）土壤剖面形态学信息

剖面层次	取样深度（cm）	根系丰度	土壤质地	结构	发育程度	结持性	新生体丰度	新生体斑纹组成物质	酸碱性
Ap1	0～20	中等	黏土	团粒状	强	疏松	无		酸性
Ap2	20～34	少	黏土	棱块状	中等	坚实	少	铁/锰	中性
Br1	34～85	很少	黏土	棱柱状	中等	坚实	少	铁/锰	碱性
Br2	85～120	很少	黏土	棱块状	强	坚实	少	铁/锰	碱性

表8-33 六安马肝田（明东街道抹山村-2）土壤容重与质地

剖面层次	容重（g/cm³）	机械组成（%）				土壤质地
		0.002mm以下	0.002～0.02mm	0.02～0.2mm	0.2～2mm	
Ap1	1.37	10.7	51.3	36.6	1.4	黏土
Ap2	1.46	25.4	47.0	26.0	1.6	黏土
Br1	1.52	40.1	39.3	18.8	1.8	黏土
Br2	1.53	35.7	40.2	22.5	1.6	黏土

表8-34 六安马肝田（明东街道抹山村-2）表层土壤水稳性大团聚体含量

水稳性大团聚体直径	质量比例（%）	水稳性大团聚体直径	质量比例（%）
＜0.25mm	29.6	2～3mm	2.2
0.25～0.5mm	11.5	3～5mm	5.5
0.5～1mm	10.6	5mm以上	33.6
1～2mm	6.9		

表8-35　六安马肝田（明东街道抹山村-2）土壤交换性养分含量

剖面层次	含水量（%）	pH	交换性酸总量[cmol(H⁺+1/3Al³⁺)/kg]	交换性氢离子[cmol(H⁺)/kg]	交换性铝离子[cmol(1/3Al³⁺)/kg]	阳离子交换量[cmol(+)/kg]
Ap1	2.0	5.41	0.55	＜0.10	0.55	22.28
Ap2	2.0	7.43	＜0.10	＜0.10	＜0.10	25.04
Br1	4.9	7.65	＜0.10	＜0.10	＜0.10	25.99
Br2	5.4	7.90	＜0.10	＜0.10	＜0.10	28.27

剖面层次	交换性盐基总量[cmol(+)/kg]	交换性钙[cmol(+)/kg]	交换性镁[cmol(+)/kg]	交换性钠[cmol(+)/kg]	交换性钾[cmol(+)/kg]	水溶性盐总量（g/kg）	电导率（mS/cm）
Ap1	20.5	13.3	4.65	0.43	0.57	0.40	0.11
Ap2	24.1	15.1	4.96	1.03	0.41	0.32	0.07
Br1	18.6	12.1	5.55	0.63	0.33	0.34	0.09
Br2	18.7	11.8	5.93	0.69	0.31	0.26	0.07

表8-36　六安马肝田（明东街道抹山村-2）土壤水溶性养分含量

剖面层次	水溶性钠离子[cmol(Na⁺)/kg]	水溶性钾离子[cmol(K⁺)/kg]	水溶性钙离子[cmol(1/2Ca²⁺)/kg]	水溶性镁离子[cmol(1/2Mg²⁺)/kg]
Ap1	0.132	0.011	0.25	0.10
Ap2	0.165	0.005	0.41	0.03
Br1	0.243	0.003	0.15	0.06
Br2	0.209	0.003	0.19	0.02

剖面层次	水溶性碳酸根[cmol(1/2CO₃²⁻)/kg]	水溶性碳酸氢根[cmol(HCO₃⁻)/kg]	水溶性硫酸根[cmol(1/2SO₄²⁻)/kg]	水溶性氯离子[cmol(Cl⁻)/kg]	离子总量（g/kg）
Ap1	＜0.01	0.13	0.12	0.11	0.28
Ap2	＜0.01	0.06	0.14	0.12	0.27
Br1	0.05	0.05	0.19	0.16	0.28
Br2	＜0.01	0.08	0.13	0.10	0.24

表8-37　六安马肝田（明东街道抹山村-2）土壤全量养分含量

剖面层次	有机质（g/kg）	碳酸钙（g/kg）	全氮（g/kg）	全磷（g/kg）	全钾（g/kg）	全硫（g/kg）	全硼（mg/kg）	全铁（mg/kg）
Ap1	23.8	6	1.470	0.65	16.7	0.10	41.44	1.90×10^4
Ap2	7.75	6	0.741	0.35	19.6	0.08	53.35	2.88×10^4
Br1	4.12	4	0.351	0.24	16.1	0.06	46.56	3.84×10^4
Br2	3.98	3	0.204	0.24	20.3	0.04	45.35	3.75×10^4

剖面层次	全锰（mg/kg）	全铜（mg/kg）	全锌（mg/kg）	全钼（mg/kg）	全铝（%）	全硅（%）	全钙（%）	全镁（%）
Ap1	246	19.4	35.0	0.326	5.40	43.4	0.57	0.47
Ap2	782	25.6	55.5	0.261	6.70	41.7	0.64	0.49
Br1	626	24.9	55.0	0.299	8.02	35.6	0.85	0.67
Br2	551	24.3	57.1	0.279	9.58	37.8	0.98	0.93

表8-38 六安马肝田（明东街道抹山村-2）土壤有效养分含量（mg/kg）

剖面层次	有效磷	缓效钾	速效钾	有效硫	有效硅	有效铁	有效锰	有效铜	有效锌	有效硼
Ap1	54.1	411	196	21.8	68.6	8.2	0.99	0.37	0.49	0.04
Ap2	3.3	487	100	22.4	4.7	4.3	1.41	1.41	0.33	0.03
Br1	0.6	603	161	24.4	0.9	0.5	0.42	0.06	0.08	0.04
Br2	0.5	752	168	9.7	0.9	0.8	0.55	0.10	0.06	0.04

（4）剖面样品采自明西街道梁山村，海拔16.55m，采样时间为2022年10月21日。土壤剖面为Ap1-Ap2-Br型，有效土层厚度130cm，土体润态色调10YR，润态明度5～8，润态彩度1～4。土体紧实，新生体较少，母质为黄土状物质。土壤剖面性状如图8-6、表8-39至表8-45所示。

Ap1层，耕作层：0～19cm，棕灰色（10YR5/1，润），质地黏土，团块状结构，植物根系多，土质坚实，发育程度很强，没有母质特性，有少量铁锰斑纹，pH 7.08。

Ap2层，犁底层：19～27cm，棕灰色（10YR5/1，润），质地黏土，团块状结构，植物根系少，土质坚实，发育程度很强，没有母质特性，有少量铁锰斑纹，pH 7.14。

Br1层，氧化还原层：27～68cm，浊黄棕色（10YR7/4，润），质地黏土，棱柱状结构，植物根系很少，土质坚实，发育程度强，基本没有母质特性，有少量铁锰斑纹，pH 7.24。

Br2层，氧化还原层：68～96cm，浊黄棕色（10YR7/4，润），质地黏土，角块状结构，植物根系很少，土质坚实，保留少量母质特性，无铁锰斑纹，pH 7.63。

图8-6 六安马肝田的土壤剖面
（明西街道梁山村）

Br3层，氧化还原层：96～130cm，淡黄橙色（10YR8/4，润），质地黏土，角块状结构，植物根系无，土质坚实，保留部分母质特性，无铁锰斑纹，pH 7.43。

表8-39 六安马肝田（明西街道梁山村）剖面形态学信息

剖面层次	取样深度（cm）	野外润态色调	野外润态明度	野外润态彩度	根系丰度	土壤质地	结构	发育程度	结持性	新生体丰度	新生体斑纹组成物质	酸碱性
Ap1	0～19	10YR	5	1	多	黏土	团块状	很强	坚实	少	铁/锰	中性
Ap2	19～27	10YR	5	1	少	黏土	团块状	很强	坚实	少	铁/锰	中性
Br1	27～68	10YR	7	4	很少	黏土	棱柱状	强	坚实	少	铁/锰	中性
Br2	68～96	10YR	7	4	很少	黏土	角块状	中	坚实	无		碱性
Br3	96～130	10YR	8	4	无	黏土	角块状	弱	坚实	无		中性

表8-40 六安马肝田（明西街道梁山村）土壤容重与质地

剖面层次	容重（g/cm³）	机械组成（%）				土壤质地
		0.002mm以下	0.002～0.02mm	0.02～0.2mm	0.2～2mm	
Ap1	1.22	30.5	38.5	29.2	1.8	黏土
Ap2	1.31	33.6	38.7	25.9	1.8	黏土
Br1	1.40	26.8	21.2	50.1	1.9	黏土
Br2	1.46	30.8	44.4	22.7	2.1	黏土
Br3	1.45	24.5	35.4	39.1	1.0	黏土

表8-41 六安马肝田（明西街道梁山村）表层土壤水稳性大团聚体含量

水稳性大团聚体直径	质量比例（%）	水稳性大团聚体直径	质量比例（%）
＜0.25mm	15.2	2～3mm	1.0
0.25～0.5mm	0.3	3～5mm	1.3
0.5～1mm	11.5	5mm以上	69.2
1～2mm	1.5		

表8-42 六安马肝田（明西街道梁山村）土壤交换性养分含量

剖面层次	含水量（%）	pH	交换性酸总量 $[cmol(H^++1/3Al^{3+})/kg]$	交换性氢离子 $[cmol(H^+)/kg]$	交换性铝离子 $[cmol(1/3Al^{3+})/kg]$	阳离子交换量 $[cmol(+)/kg]$
Ap1	5.1	7.08	＜0.10	＜0.10	＜0.10	27.40
Ap2	4.7	7.14	＜0.10	＜0.10	＜0.10	27.32
Br1	3.8	7.24	＜0.10	＜0.10	＜0.10	23.61
Br2	4.2	7.63	＜0.10	＜0.10	＜0.10	15.16
Br3	3.7	7.43	＜0.10	＜0.10	＜0.10	17.77

剖面层次	交换性盐基总量 $[cmol(+)/kg]$	交换性钙 $[cmol(+)/kg]$	交换性镁 $[cmol(+)/kg]$	交换性钠 $[cmol(+)/kg]$	交换性钾 $[cmol(+)/kg]$	水溶性盐总量（g/kg）	电导率（mS/cm）
Ap1	21.0	13.5	6.18	0.60	0.58	0.59	0.140
Ap2	21.3	14.8	5.16	0.59	0.57	0.52	0.120
Br1	18.7	12.9	4.69	0.54	0.53	0.28	0.054
Br2	10.7	5.46	4.63	0.37	0.24	0.21	0.050
Br3	12.4	10.3	1.07	0.39	0.32	0.30	0.050

表8-43　六安马肝田（明西街道梁山村）土壤水溶性养分含量

剖面层次	水溶性钠离子 [cmol(Na$^+$)/kg]	水溶性钾离子 [cmol(K$^+$)/kg]	水溶性钙离子 [cmol(1/2Ca^{2+})/kg]	水溶性镁离子 [cmol(1/2Mg^{2+})/kg]
Ap1	0.345	0.009	0.23	0.13
Ap2	0.323	0.008	0.27	0.11
Br1	0.159	0.011	0.14	0.08
Br2	0.139	0.003	0.12	0.06
Br3	0.153	0.002	0.11	0.06

剖面层次	水溶性碳酸根 [cmol(1/2CO$_3^{2-}$)/kg]	水溶性碳酸氢根 [cmol(HCO$_3^-$)/kg]	水溶性硫酸根 [cmol(1/2SO$_4^{2-}$)/kg]	水溶性氯离子 [cmol(Cl$^-$)/kg]	离子总量 （g/kg）
Ap1	0.03	0.11	0.26	0.31	0.46
Ap2	0.05	0.15	0.24	0.26	0.45
Br1	0.07	0.15	0.08	0.10	0.26
Br2	0.07	0.09	0.07	0.09	0.20
Br3	0.02	0.21	0.07	0.09	0.27

表8-44　六安马肝田（明西街道梁山村）土壤全量养分含量

剖面层次	有机质 （g/kg）	碳酸钙 （g/kg）	全氮 （g/kg）	全磷 （g/kg）	全钾 （g/kg）	全硫 （g/kg）	全硼 （mg/kg）	全铁 （mg/kg）
Ap1	25.30	10	1.610	0.44	18.9	0.27	41.82	3.46×10^4
Ap2	19.80	10	1.310	0.41	20.2	0.20	42.15	3.22×10^4
Br1	6.24	6	0.467	0.27	14.9	0.07	39.38	2.57×10^4
Br2	3.64	5	0.270	0.20	17.9	0.06	43.34	3.59×10^4
Br3	1.68	8	0.235	0.19	17.2	0.03	39.27	2.91×10^4

剖面层次	全锰 （mg/kg）	全铜 （mg/kg）	全锌 （mg/kg）	全钼 （mg/kg）	全铝 （%）	全硅 （%）	全钙 （%）	全镁 （%）
Ap1	520	24.4	57.3	0.449	10.12	48.0	0.55	0.56
Ap2	432	25.0	56.3	0.409	8.26	40.4	0.58	0.64
Br1	687	19.0	41.1	0.385	5.31	34.1	0.59	0.60
Br2	1 115	19.6	40.2	0.415	6.80	37.1	0.61	0.63
Br3	664	16.0	37.8	0.385	7.05	41.3	0.56	0.54

表8-45　六安马肝田（明西街道梁山村）土壤有效养分含量

剖面层次	有效磷 （mg/kg）	缓效钾 （mg/kg）	速效钾 （mg/kg）	有效硫 （mg/kg）	有效硅 （mg/kg）	有效铁 （mg/kg）
Ap1	11.6	715	202	21.09	295.67	69.8
Ap2	10.1	751	201	12.72	276.01	94.6
Br1	4.9	594	191	11.69	310.19	16.8
Br2	1.1	391	151	9.19	276.01	5.6
Br3	1.0	352	146	18.22	402.73	3.6

（续）

剖面 层次	有效锰 （mg/kg）	有效铜 （mg/kg）	有效锌 （mg/kg）	有效硼 （mg/kg）	有效钼 （mg/kg）	Fe₂O₃及游离铁 （g/kg）
Ap1	11.9	4.93	0.38	0.38	0.03	11.6
Ap2	12.1	5.57	0.72	0.29	0.05	10.1
Br1	18.6	1.02	0.11	0.26	0.05	4.9
Br2	3.8	0.44	0.09	0.25	0.02	1.1
Br3	1.7	0.26	0.10	0.20	0.01	1.0

（5）剖面样品采自张八岭镇岭南村，海拔38m，采样时间为2022年10月15日，土壤剖面为Ap1-Ap2-Br型。有效土层厚度110cm，母质为黄土状物质。土体润态色调10YR，润态明度4～5，润态彩度2，地形部位为丘陵缓坡地。土壤剖面性状如图8-7、表8-46至表8-52所示。

Ap1层，耕作层：0～12cm，灰黄棕色（10YR4/2，润），质地壤土，粒状结构，植物根系数量中等，土质疏松，保留少量母质特性，有中等数量铁锰斑纹，pH 5.60。

Ap2层，犁底层：12～21cm，灰黄棕色（10YR5/2，润），质地黏壤土，棱块状结构，植物根系少，土质坚实，保留少量母质特性，有少量铁锰斑纹，pH 6.73。

Br1层，氧化还原层：21～63cm，灰黄棕色（10YR4/2，润），质地黏土，棱块状结构，植物根系很少，土质坚实，保留少量母质特性，有少量铁锰斑纹，pH 7.12。

Br2层，氧化还原层：63～110cm，灰黄棕色（10YR5/2，润），质地黏壤土，棱块状结构，植物根系很少，土质坚实，保留少量母质特性，有少量铁锰斑纹，pH 7.22。

图8-7 六安马肝田的土壤剖面
（张八岭镇岭南村）

表8-46 六安马肝田（张八岭镇岭南村）土壤剖面形态学信息

剖面 层次	取样深度 （cm）	野外润 态色调	野外润 态明度	野外润 态彩度	根系 丰度	土壤 质地	结构	发育 程度	结持性	新生体 丰度	新生体斑纹 组成物质	酸碱性
Ap1	0～12	10YR	4	2	中等	壤土	粒状	中等	疏松	中等	铁/锰	酸性
Ap2	12～21	10YR	5	2	少	黏壤土	棱块状	中等	坚实	少	铁/锰	中性
Br1	21～63	10YR	4	2	很少	黏土	棱块状	中等	坚实	少	铁/锰	中性
Br2	63～110	10YR	5	2	很少	黏壤土	棱块状	中等	坚实	少	铁/锰	中性

表8-47　六安马肝田（张八岭镇岭南村）土壤容重与质地

剖面层次	容重（g/cm³）	机械组成（%）				土壤质地
		0.002mm以下	0.002～0.02mm	0.02～0.2mm	0.2～2mm	
Ap1	1.25	10.1	56.4	31.6	1.9	壤土
Ap2	1.54	23.6	44.9	28.3	3.2	黏壤土
Br1	1.59	27.7	50.0	20.2	2.1	黏土
Br2	1.54	19.4	37.1	33.5	10.0	黏壤土

表8-48　六安马肝田（张八岭镇岭南村）表层土壤水稳性大团聚体含量

水稳性大团聚体直径	质量比例（%）	水稳性大团聚体直径	质量比例（%）
＜0.25mm	38.8	2～3mm	2.3
0.25～0.5mm	21.9	3～5mm	2.7
0.5～1mm	18.5	5mm以上	8.6
1～2mm	7.2		

表8-49　六安马肝田（张八岭镇岭南村）土壤交换性养分含量

剖面层次	含水量（%）	pH	交换性酸总量 [cmol(H^++1/3Al^{3+})/kg]	交换性氢离子 [cmol(H^+)/kg]	交换性铝离子 [cmol(1/3Al^{3+})/kg]	阳离子交换量 [cmol(+)/kg]
Ap1	3.1	5.60	0.42	0.29	0.13	19.09
Ap2	2.6	6.73	＜0.10	＜0.10	＜0.10	16.69
Br1	2.8	7.12	＜0.10	＜0.10	＜0.10	17.95
Br2	2.3	7.22	＜0.10	＜0.10	＜0.10	18.73

剖面层次	交换性盐基总量 [cmol(+)/kg]	交换性钙 [cmol(+)/kg]	交换性镁 [cmol(+)/kg]	交换性钠 [cmol(+)/kg]	交换性钾 [cmol(+)/kg]	水溶性盐总量（g/kg）	电导率（mS/cm）
Ap1	12.9	8.17	3.50	0.33	0.43	0.27	0.06
Ap2	13.4	8.74	3.45	0.43	0.43	0.21	0.05
Br1	15.3	9.73	4.53	0.38	0.41	0.23	0.05
Br2	14.1	6.49	6.91	0.33	0.26	0.52	0.12

表8-50　六安马肝田（张八岭镇岭南村）土壤水溶性养分含量

剖面层次	水溶性钠离子 [cmol(Na^+)/kg]	水溶性钾离子 [cmol(K^+)/kg]	水溶性钙离子 [cmol(1/2Ca^{2+})/kg]	水溶性镁离子 [cmol(1/2Mg^{2+})/kg]
Ap1	0.138	0.017	0.07	0.06
Ap2	0.098	0.006	0.08	0.06
Br1	0.126	0.007	0.09	0.07
Br2	0.144	0.002	0.25	0.16

剖面层次	水溶性碳酸根 [cmol(1/2CO_3^{2-})/kg]	水溶性碳酸氢根 [cmol(HCO_3^-)/kg]	水溶性硫酸根 [cmol(1/2SO_4^{2-})/kg]	水溶性氯离子 [cmol(Cl^-)/kg]	离子总量（g/kg）
Ap1	0.07	0.12	0.10	0.13	0.26
Ap2	0.02	0.12	0.09	0.09	0.19
Br1	0.05	0.12	0.10	0.09	0.22
Br2	0.03	0.08	0.07	0.37	0.33

表8-51 六安马肝田（张八岭镇岭南村）土壤全量养分含量

剖面层次	有机质（g/kg）	碳酸钙（g/kg）	全氮（g/kg）	全磷（g/kg）	全钾（g/kg）	全硫（g/kg）	全硼（mg/kg）	全铁（mg/kg）
Ap1	23.60	11	1.400	0.40	17.1	0.17	38.06	2.55×10^4
Ap2	10.50	8	0.508	0.20	15.2	0.06	73.91	2.66×10^4
Br1	5.63	7	0.403	0.21	10.9	0.04	45.11	2.68×10^4
Br2	2.63	10	0.329	0.23	20.5	0.03	41.57	2.85×10^4

剖面层次	全锰（mg/kg）	全铜（mg/kg）	全锌（mg/kg）	全钼（mg/kg）	全铝（%）	全硅（%）	全钙（%）	全镁（%）
Ap1	365	20.5	50.3	0.525	5.2	31.8	0.67	0.62
Ap2	565	17.6	42.0	0.486	7.18	32.1	0.47	0.54
Br1	583	19.5	45.5	0.423	4.40	21.4	0.32	0.40
Br2	727	14.8	37.2	0.435	5.96	37.7	0.30	0.44

表8-52 六安马肝田（张八岭镇岭南村）土壤有效养分含量

剖面层次	有效磷（mg/kg）	缓效钾（mg/kg）	速效钾（mg/kg）	有效硫（mg/kg）	有效硅（mg/kg）	有效铁（mg/kg）
Ap1	5.7	353	128	18.86	139.64	202.8
Ap2	1.3	417	89	16.82	197.98	15.8
Br1	0.8	391	103	11.59	304.08	11.3
Br2	2.1	315	86	13.80	282.31	9.1

剖面层次	有效锰（mg/kg）	有效铜（mg/kg）	有效锌（mg/kg）	有效硼（mg/kg）	有效钼（mg/kg）	Fe_2O_3及游离铁（g/kg）
Ap1	12.2	3.57	0.64	0.25	0.06	16.78
Ap2	22.7	0.36	0.10	0.11	0.02	18.46
Br1	16.5	0.06	0.10	0.09	0.03	20.15
Br2	4.9	0.62	0.15	0.05	0.01	21.48

（6）剖面样品采自明东街道魏岗村，海拔61.48m，采样时间为2022年10月22日，地形部位为坡麓，地势平坦。母质为黄土状物质，土壤剖面为Ap1-Ap2-Br型。土体厚度140cm，有效土层厚度140cm。土体润态色调7.5YR，润态明度4，润态彩度2～6。耕作层质地为壤土，团块状结构，有机质含量29.8g/kg，阳离子交换量21.76cmol(+)/kg。土地利用类型为旱改水。熟制为一年两熟，稻-麦轮作。土壤剖面性状如图8-8、表8-53至表8-59所示。

Ap1层，耕作层：0～19cm，棕色（7.5YR4/3，润），质地壤土，团块状结构，植物根系中等，土质疏松，新生体数量中等，pH 5.13。

图8-8 六安马肝田的土壤剖面（明东街道魏岗村）

Ap2层，犁底层：19～30cm，灰棕色（7.5YR4/2，润），质地黏土，棱块状结构，植物根系很少，土质坚实，有少量铁锰斑纹，pH 6.62。

Br1层，氧化还原层：30～59cm，棕色（7.5YR4/6，润），质地黏土，棱块状结构，植物根系数量很少，土质疏松，有少量铁锰斑纹，pH 7.62。

Br2层，氧化还原层：59～90cm，灰棕色（7.5YR4/2，润），质地黏土，棱柱状结构，植物根系无，土质疏松，有少量铁锰斑纹，pH 7.80。

Br3层，氧化还原层：90～140cm，灰棕色（7.5YR4/2，润），质地黏土，棱柱状结构，植物根系无，土质疏松，有少量铁锰斑纹，pH 7.34。

表8-53　六安马肝田（明东街道魏岗村）土壤剖面形态学信息

剖面层次	取样深度（cm）	野外润态色调	野外润态明度	野外润态彩度	根系丰度	土壤质地	结构	发育程度	结持性	新生体丰度	新生体斑纹组成物质	酸碱性
Ap1	0～19	7.5YR	4	3	中等	壤土	团块状	强	疏松	中等	铁/锰	酸性
Ap2	19～30	7.5YR	4	2	很少	黏土	棱块状	强	坚实	少	铁/锰	中性
Br1	30～59	7.5YR	4	6	很少	黏土	棱块状	中等	疏松	少	铁/锰	碱性
Br2	59～90	7.5YR	4	2	无	黏土	棱柱状	中等	疏松	少	铁/锰	碱性
Br3	90～140	7.5YR	4	2	无	黏土	棱柱状	中等	疏松	少	铁/锰	中性

表8-54　六安马肝田（明东街道魏岗村）土壤容重与质地

剖面层次	容重（g/cm³）	机械组成（%）				土壤质地
		0.002mm以下	0.002～0.02mm	0.02～0.2mm	0.2～2mm	
Ap1	1.46	9.0	59.6	30.5	0.9	壤土
Ap2	1.46	29.3	48.2	21.6	0.9	黏土
Br1	1.19	35.4	38.7	25.0	0.9	黏土
Br2	1.47	39.2	39.7	20.6	0.5	黏土
Br3	1.39	38.0	34.0	26.6	1.4	黏土

表8-55　六安马肝田（明东街道魏岗村）表层土壤水稳性大团聚体含量

水稳性大团聚体直径	质量比例（%）	水稳性大团聚体直径	质量比例（%）
＜0.25mm	38.3	2～3mm	1.8
0.25～0.5mm	22.9	3～5mm	3.6
0.5～1mm	16.6	5mm以上	8.9
1～2mm	7.9		

表8-56　六安马肝田（明东街道魏岗村）土壤交换性养分含量

剖面层次	含水量（%）	pH	交换性酸总量 [cmol(H⁺+1/3Al³⁺)/kg]	交换性氢离子 [cmol(H⁺)/kg]	交换性铝离子 [cmol(1/3Al³⁺)/kg]	阳离子交换量 [cmol(+)/kg]
Ap1	3.2	5.13	0.96	0.45	0.51	21.76
Ap2	3.7	6.62	<0.10	<0.10	<0.10	24.22
Br1	5.7	7.62	<0.10	<0.10	<0.10	16.42
Br2	6.6	7.80	<0.10	<0.10	<0.10	15.46
Br3	3.4	7.34	<0.10	<0.10	<0.10	32.77

剖面层次	交换性盐基总量 [cmol(+)/kg]	交换性钙 [cmol(+)/kg]	交换性镁 [cmol(+)/kg]	交换性钠 [cmol(+)/kg]	交换性钾 [cmol(+)/kg]	水溶性盐总量 （g/kg）	电导率 （mS/cm）
Ap1	14.8	9.50	3.18	0.43	0.49	0.34	0.070
Ap2	19.1	13.1	4.82	0.43	0.32	0.39	0.084
Br1	11.6	7.37	3.75	0.39	0.12	0.39	0.020
Br2	11.3	6.24	4.41	0.38	0.32	0.40	0.070
Br3	29.5	19.5	8.65	0.65	0.50	0.29	0.060

表8-57　六安马肝田（明东街道魏岗村）土壤水溶性养分含量

剖面层次	水溶性钠离子 [cmol(Na⁺)/kg]	水溶性钾离子 [cmol(K⁺)/kg]	水溶性钙离子 [cmol(1/2Ca²⁺)/kg]	水溶性镁离子 [cmol(1/2Mg²⁺)/kg]
Ap1	0.167	0.018	0.12	0.06
Ap2	0.195	0.008	0.15	0.08
Br1	0.230	0.002	0.21	0.12
Br2	0.212	0.002	0.12	0.09
Br3	0.213	0.006	0.10	0.07

剖面层次	水溶性碳酸根 [cmol(1/2CO₃²⁻)/kg]	水溶性碳酸氢根 [cmol(HCO₃⁻)/kg]	水溶性硫酸根 [cmol(1/2SO₄²⁻)/kg]	水溶性氯离子 [cmol(Cl⁻)/kg]	离子总量 （g/kg）
Ap1	0.04	0.07	0.19	0.11	0.27
Ap2	0.05	0.07	0.19	0.14	0.27
Br1	0.02	0.15	0.21	0.12	0.36
Br2	0.04	0.27	0.13	0.09	0.36
Br3	0.07	0.14	0.11	0.10	0.28

表8-58　六安马肝田（明东街道魏岗村）土壤全量养分含量

剖面层次	有机质（g/kg）	碳酸钙（g/kg）	全氮（g/kg）	全磷（g/kg）	全钾（g/kg）	全硫（g/kg）	全硼（mg/kg）	全铁（mg/kg）
Ap1	29.8	4	1.520	0.44	11.8	0.21	40.33	3.36×10^4
Ap2	9.88	6	0.446	0.19	11.9	0.05	41.77	2.99×10^4
Br1	2.51	7	0.346	0.18	21.5	0.09	40.07	4.60×10^4
Br2	3.53	11	0.333	0.31	19.4	0.07	45.20	4.51×10^4
Br3	6.80	8	0.316	0.25	15.5	0.05	38.54	4.34×10^4

（续）

剖面层次	全锰 （mg/kg）	全铜 （mg/kg）	全锌 （mg/kg）	全钼 （mg/kg）	全铝 （%）	全硅 （%）	全钙 （%）	全镁 （%）
Ap1	436	21.1	49.6	0.595	6.48	28.0	0.42	0.52
Ap2	771	19.6	42.7	0.505	7.54	44.1	0.47	0.58
Br1	717	26.5	62.7	0.383	5.32	23.7	0.76	0.84
Br2	818	25.3	64.5	0.346	7.58	32.2	0.68	0.92
Br3	1 012	26.1	64.8	0.310	10.5	29.0	0.82	1.02

表8-59　六安马肝田（明东街道魏岗村）土壤有效养分含量（mg/kg）

剖面层次	有效磷	缓效钾	速效钾	有效硫	有效硅	有效铁	有效锰	有效铜	有效锌	有效硼	有效钼
Ap1	5.0	283	143	14.87	153.74	261.6	19.6	3.48	0.85	0.30	0.090
Ap2	2.2	338	118	15.93	292.43	13.2	22.2	0.32	0.10	0.12	0.020
Br1	0.5	316	146	0.44	497.09	8.7	4.7	0.51	0.20	0.04	0.020
Br2	0.5	650	191	1.30	592.52	7.3	4.3	0.47	0.14	0.03	0.003
Br3	0.4	641	165	27.08	569.55	7.9	6.8	0.67	0.15	0.03	0.030

（7）剖面样品采自桥头镇宝龙村，海拔39.67m，采样时间为2022年11月5日，地形部位为低丘坡中，母质为黄土状物质（次生黄土）。该剖面土壤耕作层容重为1.18g/cm³，粒径小于0.002mm的颗粒含量为14.8%，0.002～0.02mm的颗粒含量为44.6%，0.02～0.2mm的颗粒含量为35.6%，0.2～2mm的颗粒含量为5.0%。土壤阳离子交换量为30.76cmol(+)/kg，有机质含量为27.5g/kg、全氮1.74g/kg、全磷0.59g/kg、全钾13.0g/kg、有效磷9.0mg/kg、缓效钾573mg/kg、速效钾287mg/kg。

犁底层和淀积层土壤容重为1.24～1.47g/cm³，粒径小于0.002mm的颗粒含量为22.7%～40.0%，0.002～0.02mm的颗粒含量为25.0%～40.7%，0.02～0.2mm的颗粒含量为26.8%～31.5%，0.2～2mm的颗粒含量为3.5%～6.7%。土壤阳离子交换量为16.08～19.37cmol(+)/kg，有机质含量为2.06～7.84g/kg、全氮0.340～0.616g/kg、全磷0.19～0.37g/kg、全钾16.9～19.7g/kg、有效磷0.3～2.3mg/kg、缓效钾561～683mg/kg、速效钾146～201mg/kg。土壤剖面性状如图8-9、表8-60至表8-65所示。

Ap1层，耕作层：0～15cm，棕色（7.5YR4/3，润），质地壤土，有中等量的草本活根根系，团块状结构，发育程度强，土质疏松，有少量很小的铁锰结核，呈中性反应。

图8-9　六安马肝田土壤剖面（桥头镇宝龙村）

Ap2层，犁底层：15～22cm，棕色（7.5YR4/3，润），质地黏土，有很少量的草本活根根系，团块状结构，发育程度强，土质坚实，有少量铁锰结核，呈中性反应。

Br1层，氧化还原层：22～60cm，棕色（7.5YR4/4，润），质地黏土，团块状结构，发育程度强，土质坚实，有少量小球形铁锰结核，呈中性反应。

Br2层，氧化还原层：60～120cm，棕色（7.5YR4/4，润），质地黏土，团块状结构，发育程度中等，保留少量母质特性，土质坚实，有少量小球形铁锰结核，呈中性反应。

8.7.4 生产性能

六安马肝田质地黏重，耕作困难，干耕土体坚实易起僵块，整地都有坷垃，适耕期短，一般3～4d。干时土壤易起大裂，耕不动，湿了黏犁沾耙。土壤施肥见效快，肥劲平稳，中后期长势较好。熟制为稻-麦或稻-油两熟，水稻产量7 500～9 750kg/hm²，小麦产量5 250kg/hm²左右。在改良利用上，合理施用化肥，增施有机肥，进行秸秆还田，培肥土壤，其次是修建灌排系统，提高抗旱能力。

表8-60　六安马肝田（桥头镇宝龙村）土壤剖面形态学信息

剖面层次	取样深度（cm）	野外润态色调	野外润态明度	野外润态彩度	根系丰度	土壤质地	结构	发育程度	结持性	新生体丰度	新生体结核组成物质
Ap1	0～15	7.5YR	4	3	中等	壤土	团块状	强	疏松	少	铁/锰
Ap2	15～22	7.5YR	4	3	很少	黏土	团块状	强	坚实	少	铁/锰
Br1	22～60	7.5YR	4	4	无	黏土	团块状	强	坚实	少	铁/锰
Br2	60～120	7.5YR	4	4	无	黏土	团块状	中等	坚实	少	铁/锰

表8-61　六安马肝田（桥头镇宝龙村）土壤容重与质地

剖面层次	容重（g/cm³）	机械组成（%）				土壤质地
		0.002mm以下	0.002～0.02mm	0.02～0.2mm	0.2～2mm	
Ap1	1.18	14.8	44.6	35.6	5.0	壤土
Ap2	1.24	34.1	35.2	26.8	3.9	黏土
Br1	1.47	22.7	40.7	29.9	6.7	黏壤土
Br2	1.38	40.0	25.0	31.5	3.5	黏土

表8-62　六安马肝田（桥头镇宝龙村）土壤交换性养分含量

剖面层次	含水量（%）	pH	交换性酸总量[cmol(H⁺+1/3Al³⁺)/kg]	交换性氢离子[cmol(H⁺)/kg]	交换性铝离子[cmol(1/3Al³⁺)/kg]	阳离子交换量[cmol(+)/kg]
Ap1	5.6	6.04	0.18	<0.10	0.18	30.76
Ap2	3.2	7.72	<0.10	<0.10	<0.10	16.08
Br1	4.2	7.54	<0.10	<0.10	<0.10	19.37
Br2	7.5	8.33	<0.10	<0.10	<0.10	18.16

（续）

剖面 层次	交换性盐基总量 ［cmol(+)/kg］	交换性钙 ［cmol(+)/kg］	交换性镁 ［cmol(+)/kg］	交换性钠 ［cmol(+)/kg］	交换性钾 ［cmol(+)/kg］	水溶性盐总量 （g/kg）	电导率 （mS/cm）
Ap1	22.8	15.8	5.24	0.70	0.50	0.23	0.05
Ap2	13.0	7.14	5.32	0.38	0.15	0.35	0.06
Br1	15.8	8.63	6.54	0.37	0.21	0.36	0.06
Br2	14.5	9.31	4.46	0.40	0.35	0.34	0.08

表8-63 六安马肝田（桥头镇宝龙村）土壤水溶性养分含量

剖面 层次	水溶性钠离子 ［cmol(Na$^+$)/kg］	水溶性钾离子 ［cmol(K$^+$)/kg］	水溶性钙离子 ［cmol(1/2Ca^{2+})/kg］	水溶性镁离子 ［cmol(1/2Mg^{2+})/kg］
Ap1	0.093	0.011	0.10	0.06
Ap2	0.167	0.002	0.17	0.09
Br1	0.209	0.010	0.13	0.08
Br2	0.283	0.002	0.13	0.08

剖面 层次	水溶性碳酸根 ［cmol(1/2CO$_3^{2-}$)/kg］	水溶性碳酸氢根 ［cmol(HCO$_3^-$)/kg］	水溶性硫酸根 ［cmol(1/2SO$_4^{2-}$)/kg］	水溶性氯离子 ［cmol(Cl$^-$)/kg］	离子总量 （g/kg）
Ap1	0.02	0.11	0.08	0.11	0.20
Ap2	0.02	0.25	0.07	0.06	0.30
Br1	0.06	0.22	0.09	0.08	0.32
Br2	0.02	0.23	0.13	0.10	0.34

表8-64 六安马肝田（桥头镇宝龙村）土壤全量养分含量

剖面 层次	有机质 （g/kg）	碳酸钙 （g/kg）	全氮 （g/kg）	全磷 （g/kg）	全钾 （g/kg）	全硫 （g/kg）	全硼 （mg/kg）	全铁 （mg/kg）
Ap1	27.5	5	1.740	0.59	13.0	0.24	36.16	3.76×10^4
Ap2	7.84	4	0.616	0.37	17.4	0.05	40.97	3.76×10^4
Br1	5.81	4	0.385	0.23	16.9	0.08	36.10	3.60×10^4
Br2	2.06	7	0.340	0.19	19.7	0.08	45.71	4.56×10^4

剖面 层次	全锰 （mg/kg）	全铜 （mg/kg）	全锌 （mg/kg）	全钼 （mg/kg）	全铝 （%）	全硅 （%）	全钙 （%）	全镁 （%）
Ap1	509	26.5	62.4	0.519	9.97	38.4	0.58	0.69
Ap2	932	22.3	54.6	0.479	9.60	36.0	0.68	0.79
Br1	864	20.8	50.0	0.491	6.27	32.5	0.76	0.77
Br2	905	29.0	64.8	0.493	7.28	29.9	0.56	0.75

表8-65　六安马肝田（桥头镇宝龙村）土壤有效养分含量

剖面层次	有效磷（mg/kg）	缓效钾（mg/kg）	速效钾（mg/kg）	有效硫（mg/kg）	有效硅（mg/kg）	有效铁（mg/kg）
Ap1	9.0	573	287	6.74	202.66	162.7
Ap2	2.3	683	146	5.12	378.24	12.8
Br1	0.7	561	161	1.76	440.79	10.4
Br2	0.3	683	201	3.57	569.55	6.0

剖面层次	有效锰（mg/kg）	有效铜（mg/kg）	有效锌（mg/kg）	有效硼（mg/kg）	有效钼（mg/kg）	Fe_2O_3及游离铁（g/kg）
Ap1	21.2	3.50	0.72	0.84	0.02	17.24
Ap2	6.5	1.40	0.20	0.30	0.02	18.15
Br1	6.5	0.70	0.16	0.23	0.05	18.59
Br2	2.6	0.51	0.13	0.13	0.03	18.72

8.8　黄白土田

8.8.1　归属与分布　由二普的黄白土田、灰白土田归并而成。土壤发生学分类：水稻土土类，潴育水稻土亚类，马肝泥田土属，黄白土田土种。中国土壤系统分类：人为土土纲，水耕人为土亚纲，铁渗水耕人为土土类，普通铁渗水耕人为土亚类。该土种共有面积7 960.11hm²，主要分布在石坝镇、女山湖镇、张八岭镇等地，海拔25～80m，位于距离村庄较远的畈田和上冲处，地形微斜，表层在长期串流漫灌条件下，受一定的漂洗作用影响，土壤中部分铁锰被还原淋失，形成淡灰色的耕作层。

8.8.2　主要性状　该土种的母质为黄土状物质（下蜀黄土）。土壤剖面为Ap1-Ap2-Br型。土体润态色调7.5YR，润态明度4，润态彩度2～3。土体深厚，层次发育完好，过渡界限清晰。耕作层质地多为中壤土，绵软疏松，落水后可见大量鳝血斑，并夹有少量铁锰结核。犁底层薄，渗透性好。渗育层呈棱柱状或棱块状结构，结构体表面有灰色胶膜。潴育层有大量雏形铁锰结核，有晕状扩散锈斑。土壤水源较好，基本能旱涝保收，是比较好的水稻土之一。土壤剖面呈微酸性至中性，pH 5.4～7.5。黄白土田养分含量中等偏上。

三普的80个表层土壤农化样分析结果统计显示：土壤耕作层厚度21.0cm，土壤pH 6.0，土壤有机质含量19.24g/kg、全氮1.12g/kg、有效磷9.67mg/kg、速效钾159.86mg/kg，阳离子交换量22.22cmol(+)/kg，土壤容重1.28g/cm³。

8.8.3　调查剖面

（1）剖面样品采自石坝镇铁山村，海拔30.67m。地形部位为低丘坡中，微坡，母质为黄土状物质。种植制度为一年两熟，当季作物为水稻。该采样点为旱地改水田2年，按旱地土壤调查。土壤剖面理化性状如图8-10、表8-66至表8-72所示。

Ap1层，耕作层：0～16cm，灰棕色（7.5YR4/2，润），质地壤土，团粒状结构，植物根系数量中等，土壤发育强，基本没有母质特性，土质极疏松，有少量铁锰斑纹，pH 4.97。

Ap2层，犁底层：16～30cm，棕色（7.5YR4/3，润），质地黏土，棱块状结构，植物根系很少，土壤发育强，基本没有母质特性，土质坚实，有少量铁锰斑纹，pH 6.85。

Br1层，氧化还原层（渗育层）：30～62cm，棕色（7.5YR4/3，润），质地黏土，棱块状结构，无植物根系，土壤发育强，基本没有母质特性，土质坚实，有少量铁锰斑纹，pH 7.07。

Br2层，氧化还原层（潴育层）：62～125cm，灰棕色（7.5YR4/2，润），质地黏土，棱柱状结构，无植物根系，保留少量母质特性，土质坚实，有少量铁锰斑纹，pH 7.09。

图8-10　黄白土田的土壤剖面
（石坝镇铁山村）

表8-66　黄白土田（石坝镇铁山村）土壤剖面形态学信息

剖面层次	取样深度（cm）	野外润态色调	野外润态明度	野外润态彩度	根系丰度	土壤质地	结构	发育程度	结持性	新生体丰度	新生体斑纹组成物质	酸碱性
Ap1	0～16	7.5YR	4	2	中等	壤土	团粒状	强	极疏松	少	铁/锰	酸性
Ap2	16～30	7.5YR	4	3	很少	黏土	棱块状	强	坚实	少	铁/锰	中性
Br1	30～62	7.5YR	4	3	无	黏土	棱块状	强	坚实	少	铁/锰	中性
Br2	62～125	7.5YR	4	2	无	黏土	棱柱状	中等	坚实	少	铁/锰	中性

表8-67　黄白土田（石坝镇铁山村）土壤容重与质地

剖面层次	容重（g/cm³）	机械组成（%）				土壤质地
		0.002mm以下	0.002～0.02mm	0.02～0.2mm	0.2～2mm	
Ap1	1.43	13.0	55.2	27.1	4.7	壤土
Ap2	1.46	41.6	30.4	26.3	1.7	黏土
Br1	1.52	44.0	31.9	21.5	2.6	黏土
Br2	1.49	42.6	33.2	22.5	1.7	黏土

表8-68　黄白土田（石坝镇铁山村）土壤水稳性大团聚体含量

水稳性大团聚体直径	质量比例（%）	水稳性大团聚体直径	质量比例（%）
＜0.25mm	62.9	2～3mm	1.0
0.25～0.5mm	23.6	3～5mm	0.9
0.5～1mm	8.4	5mm以上	0.0
1～2mm	3.2		

表8-69 黄白土田（石坝镇铁山村）土壤交换性养分含量

剖面层次	含水量（%）	pH	交换性酸总量[cmol(H⁺+1/3Al³⁺)/kg]	交换性氢离子[cmol(H⁺)/kg]	交换性铝离子[cmol(1/3Al³⁺)/kg]	阳离子交换量[cmol(+)/kg]
Ap1	3.3	4.97	1.93	1.22	0.71	17.50
Ap2	6.1	6.85	＜0.10	＜0.10	＜0.10	29.17
Br1	6.4	7.07	＜0.10	＜0.10	＜0.10	34.99
Br2	6.4	7.09	＜0.10	＜0.10	＜0.10	30.17

剖面层次	交换性盐基总量[cmol(+)/kg]	交换性钙[cmol(+)/kg]	交换性镁[cmol(+)/kg]	交换性钠[cmol(+)/kg]	交换性钾[cmol(+)/kg]	水溶性盐总量（g/kg）	电导率（mS/cm）
Ap1	11.2	5.73	2.56	0.32	0.41	0.48	0.11
Ap2	25.4	15.5	8.91	0.38	0.51	0.47	0.11
Br1	28.9	18.6	9.09	0.43	0.52	0.53	0.12
Br2	21.1	16.9	2.91	0.54	0.54	0.15	0.04

表8-70 黄白土田（石坝镇铁山村）土壤水溶性养分含量

剖面层次	水溶性钠离子[cmol(Na⁺)/kg]	水溶性钾离子[cmol(K⁺)/kg]	水溶性钙离子[cmol(1/2Ca²⁺)/kg]	水溶性镁离子[cmol(1/2Mg²⁺)/kg]
Ap1	0.107	0.020	0.19	0.12
Ap2	0.266	0.002	0.15	0.12
Br1	0.220	0.009	0.22	0.16
Br2	0.032	0.005	0.09	0.04

剖面层次	水溶性碳酸根[cmol(1/2CO₃²⁻)/kg]	水溶性碳酸氢根[cmol(HCO₃⁻)/kg]	水溶性硫酸根[cmol(1/2SO₄²⁻)/kg]	水溶性氯离子[cmol(Cl⁻)/kg]	离子总量（g/kg）
Ap1	0.02	0.12	0.12	0.30	0.34
Ap2	0.02	0.12	0.23	0.23	0.38
Br1	0.03	0.12	0.15	0.34	0.39
Br2	0.02	0.09	0.03	0.07	0.14

表8-71 黄白土田（石坝镇铁山村）土壤全量养分含量

剖面层次	有机质（g/kg）	碳酸钙（g/kg）	全氮（g/kg）	全磷（g/kg）	全钾（g/kg）	全硫（g/kg）	全硼（mg/kg）	全铁（mg/kg）
Ap1	18.50	6	1.110	0.49	17.0	0.16	38.40	3.30×10^4
Ap2	6.58	14	0.548	0.25	20.3	0.06	43.66	4.80×10^4
Br1	6.74	6	0.462	0.17	15.1	0.08	75.22	4.56×10^4
Br2	3.90	6	0.375	0.18	26.2	0.08	44.53	4.53×10^4

剖面层次	全锰（mg/kg）	全铜（mg/kg）	全锌（mg/kg）	全钼（mg/kg）	全铝（%）	全硅（%）	全钙（%）	全镁（%）
Ap1	605	17.6	38.2	0.574	5.54	40.8	0.36	0.39
Ap2	1 108	25.2	55.7	0.576	6.99	29.3	0.43	0.63
Br1	1 211	24.5	54.4	0.524	7.20	29.4	0.71	0.87
Br2	958	27.9	68.0	0.396	4.74	21.4	0.56	0.88

表8-72 黄白土田（石坝镇铁山村）土壤有效养分含量

剖面层次	有效磷（mg/kg）	缓效钾（mg/kg）	速效钾（mg/kg）	有效硫（mg/kg）	有效硅（mg/kg）	有效铁（mg/kg）
Ap1	8.0	332	178	13.43	178.45	214.2
Ap2	0.4	528	212	21.14	475.73	17.4
Br1	0.3	534	212	18.69	491.54	17.5
Br2	0.2	668	212	9.88	517.96	10.0

剖面层次	有效锰（mg/kg）	有效铜（mg/kg）	有效锌（mg/kg）	有效硼（mg/kg）	有效钼（mg/kg）	Fe_2O_3 及游离铁（g/kg）
Ap1	212.3	1.93	0.92	0.21	0.06	8.0
Ap2	27.8	1.06	0.29	0.08	0.04	0.4
Br1	22.0	0.45	0.17	0.06	0.04	0.3
Br2	7.0	0.70	0.22	0.04	0.02	0.2

（2）剖面样品采自张八岭镇关山村，海拔37.4m，采样时间为2022年9月21日，地形部位为低丘坡中。母质为黄土状物质。土体润态色调7.5YR，润态明度4～5，润态彩度2～6。土地利用类型为乔木林地，植被为生态公益林杨树，表层土壤不含砾石。土壤质地为壤土，棱块状结构，耕作层有机质含量24.4g/kg，阳离子交换量10.62cmol(+)/kg。土壤剖面理化性状如图8-11、表8-73至表8-79所示。

Ap1层，耕作层：0～12cm，灰棕色（7.5YR4/2，润），质地壤土，团块状结构，植物根系少，土质疏松，有很少量的铁锰斑纹，pH 4.99。

Ap2层，犁底层：12～18cm，棕色（7.5YR4/3，润），质地粉壤土，棱块状结构，植物根系很少，土质坚实，有很少量的铁锰斑纹，pH 5.21。

Br1层，氧化还原层：18～26cm，棕色（7.5YR4/6，润），质地粉壤土，棱块状结构，植物根系很少，土质疏松，有很多铁锰斑纹，pH 5.16。

Br2层，氧化还原层：26～45cm，浊棕色（7.5YR5/4，润），质地粉壤土，棱块状结构，植物根系无，土质坚实，有少量铁锰斑纹，pH 5.95。

Br3层，氧化还原层：45～120cm，亮棕色（7.5YR5/6，润），质地粉壤土，棱块状结构，植物根系无，土质坚实，有少量铁锰斑纹，pH 6.01。

图8-11 黄白土田的土壤剖面（张八岭镇关山村）

表8-73　黄白土田（张八岭镇关山村）土壤剖面形态学信息

剖面层次	取样深度（cm）	野外润态色调	野外润态明度	野外润态彩度	根系丰度	土壤质地	结构	发育程度	结持性	新生体丰度	新生体斑纹组成物质	酸碱性
Ap1	0～12	7.5YR	4	2	少	壤土	团块状	中等	疏松	很少	铁/锰	酸性
Ap2	12～18	7.5YR	4	3	很少	粉壤土	棱块状	中等	坚实	很少	铁/锰	酸性
Br1	18～26	7.5YR	4	6	很少	粉壤土	棱块状	中等	疏松	很多	铁/锰	酸性
Br2	26～45	7.5YR	5	4	无	粉壤土	棱块状	中等	坚实	少	铁/锰	酸性
Br3	45～120	7.5YR	5	6	无	粉壤土	棱块状	中等	坚实	少	铁/锰	酸性

表8-74　黄白土田（张八岭镇关山村）土壤容重与质地

剖面层次	容重（g/cm³）	机械组成（%）				土壤质地
		0.002mm以下	0.002～0.02mm	0.02～0.2mm	0.2～2mm	
Ap1	1.23	3.0	41.4	49.4	6.2	壤土
Ap2	1.62	5.5	39.2	49.2	6.1	粉壤土
Br1	1.51	11.6	34.8	49.1	4.5	粉壤土
Br2	1.56	5.3	32.8	53.0	8.9	粉壤土
Br3	1.60	4.7	35.4	53.2	6.7	粉壤土

表8-75　黄白土田（张八岭镇关山村）表层土壤水稳性大团聚体含量

水稳性大团聚体直径	质量比例（%）	水稳性大团聚体直径	质量比例（%）
<0.25mm	67.1	2～3mm	1.0
0.25～0.5mm	20.2	3～5mm	1.1
0.5～1mm	6.6	5mm以上	1.2
1～2mm	2.7		

表8-76　黄白土田（张八岭镇关山村）土壤交换性养分含量

剖面层次	含水量（%）	pH	交换性酸总量[cmol(H⁺+1/3Al³⁺)/kg]	交换性氢离子[cmol(H⁺)/kg]	交换性铝离子[cmol(1/3Al³⁺)/kg]	阳离子交换量[cmol(+)/kg]
Ap1	1.5	4.99	2.66	2.32	0.34	10.62
Ap2	0.8	5.21	2.41	0.36	2.05	9.34
Br1	0.6	5.16	1.24	0.68	0.56	9.76
Br2	0.6	5.95	0.50	0.27	0.23	8.76
Br3	1.0	6.01	<0.10	<0.10	<0.10	13.39

剖面层次	交换性盐基总量[cmol(+)/kg]	交换性钙[cmol(+)/kg]	交换性镁[cmol(+)/kg]	交换性钠[cmol(+)/kg]	交换性钾[cmol(+)/kg]	水溶性盐总量（g/kg）	电导率（mS/cm）
Ap1	8.1	2.74	0.98	0.49	0.41	0.24	0.04
Ap2	6.3	3.10	1.06	0.46	0.48	0.16	0.04
Br1	6.8	3.86	1.24	0.43	0.28	0.19	0.03
Br2	7.3	5.07	1.51	0.37	0.28	0.19	0.03
Br3	12.3	8.94	2.46	0.43	0.29	0.17	0.03

表8-77 黄白土田（张八岭镇关山村）土壤水溶性养分含量

剖面层次	水溶性钠离子 [cmol(Na⁺)/kg]	水溶性钾离子 [cmol(K⁺)/kg]	水溶性钙离子 [cmol(1/2Ca²⁺)/kg]	水溶性镁离子 [cmol(1/2Mg²⁺)/kg]
Ap1	0.060	0.034	0.10	0.02
Ap2	0.057	0.049	0.08	0.02
Br1	0.047	0.014	0.29	0.01
Br2	0.063	0.013	0.08	0.01
Br3	0.050	0.005	0.16	0.01

剖面层次	水溶性碳酸根 [cmol(1/2CO₃²⁻)/kg]	水溶性碳酸氢根 [cmol(HCO₃⁻)/kg]	水溶性硫酸根 [cmol(1/2SO₄²⁻)/kg]	水溶性氯离子 [cmol(Cl⁻)/kg]	离子总量（g/kg）
Ap1	<0.01	0.09	0.05	0.19	0.19
Ap2	<0.01	0.08	0.05	0.06	0.15
Br1	<0.01	0.08	0.05	0.05	0.17
Br2	<0.01	0.11	0.05	0.05	0.15
Br3	<0.01	0.08	0.05	0.07	0.15

表8-78 黄白土田（张八岭镇关山村）土壤全量养分含量

剖面层次	有机质（g/kg）	碳酸钙（g/kg）	全氮（g/kg）	全磷（g/kg）	全钾（g/kg）	全硫（g/kg）	全硼（mg/kg）	全铁（mg/kg）
Ap1	24.40	2	1.320	0.56	13.6	0.20	27.98	$1.27×10^4$
Ap2	25.00	5	1.320	0.48	18.9	0.15	33.19	$1.61×10^4$
Br1	5.01	3	0.359	0.34	17.3	0.02	33.39	$1.91×10^4$
Br2	3.54	4	0.347	0.34	14.6	0.02	30.00	$1.75×10^4$
Br3	2.82	5	0.307	0.20	18.8	0.04	41.31	$2.62×10^4$

剖面层次	全锰（mg/kg）	全铜（mg/kg）	全锌（mg/kg）	全钼（mg/kg）	全铝（%）	全硅（%）	全钙（%）	全镁（%）
Ap1	145	12.6	25.1	0.334	5.00	49.3	0.66	0.32
Ap2	154	14.6	37.8	0.356	6.16	45.7	0.61	0.45
Br1	318	8.3	21.3	0.424	4.77	47.4	0.56	0.29
Br2	661	10.1	23.9	0.385	4.86	48.5	0.58	0.32
Br3	627	16.6	45.1	0.390	6.65	44.6	0.67	0.44

表8-79 黄白土田（张八岭镇关山村）土壤有效养分含量（mg/kg）

剖面层次	有效磷	缓效钾	速效钾	有效硫	有效硅	有效铁	有效锰	有效铜	有效锌	有效硼	有效钼
Ap1	48.7	289	117	16.9	69.59	429.0	12.1	2.76	1.58	0.18	0.04
Ap2	50.4	276	151	11.5	71.07	598.0	5.5	2.99	1.62	0.14	0.05
Br1	1.8	246	83	9.5	73.49	31.3	12.4	0.62	0.41	0.08	0.03
Br2	1.7	246	106	7.6	93.57	8.1	11.6	0.37	0.20	0.06	0.05
Br3	0.5	281	90	17.4	190.39	14.0	15.1	0.97	0.19	0.10	0.05

（3）剖面样品采自石坝镇苏郓村，海拔21m，采样时间为2022年10月22日。地形部位为低丘坡上，母质为黄土状物质（次生黄土）。耕作层土壤容重为1.51g/cm³，粒径小于0.002mm的颗粒含量为6.7%，0.002～0.02mm的颗粒含量为25.6%，0.02～0.2mm的颗粒含量为29.8%，0.2～2 mm的颗粒含量为37.9%。土壤阳离子交换量为25.87cmol(+)/kg，有机质含量为18.8g/kg、全氮1.24g/kg、全磷0.5g/kg、全钾16.7g/kg、有效磷8.9mg/kg、缓效钾518mg/kg、速效钾210mg/kg。犁底层土壤容重为1.51g/cm³，粒径小于0.002mm的颗粒含量为21.0 %～44.7%，0.002～0.02mm的颗粒含量为33.4%～55.4%，0.02～0.2mm的颗粒含量为20.5%～26.7%，0.2～2mm的颗粒含量为0.3%～0.8%。土壤阳离子交换量为23.17～39.71cmol(+)/kg，有机质含量为1.94～14.90g/kg、全氮0.313～1.070g/kg、全磷0.17～0.43g/kg、全钾14.5～20.3g/kg、有效磷0.3～6.8mg/kg、缓效钾466～706mg/kg、速效钾159～197mg/kg。土壤剖面理化性状如图8-12、表8-80至表8-85所示。

Ap1层，耕作层：0～13cm，质地壤土，有草本活根根系和草本腐烂根系，团块状结构，发育程度强，土质疏松，有很少量的球形铁锰结核，有由耕犁而形成的铁锰-有机质盘层胶结物质，pH 6.08。

Ap2层，犁底层：13～21cm，质地壤土，有少量草本活根根系和草本腐烂根系，团块状结构，发育程度强，土质坚实，有很少量的球形铁锰结核，pH 5.90。

Br1层，氧化还原层：21～50cm，质地黏土，有少量草本活根根系，棱柱状结构，发育程度强，土质坚实，结构体表面有少量的黏粒-铁锰氧化物胶膜、球形铁锰结核、自然形成的盘层胶结物质，pH 7.33。

图8-12 黄白土田的土壤剖面
（石坝镇苏郓村）

Br2层，氧化还原层：50～97cm，质地黏土，有很少的草本活根根系，棱块状结构，发育程度强，基本没有母质特性，土质坚实，结构体表面有黏粒-铁锰氧化物胶膜、球形铁锰结核、自然形成的铁锰氧化物胶结物质，pH 7.33。

Br3层，氧化还原层：97～130cm，质地黏土，团块状结构，发育程度中等，保留少量母质特性，土质坚实，结构体表面有黏粒-铁锰氧化物胶膜、球形铁锰结核、自然形成的黏粒-铁锰氧化物胶结物质，pH 7.27。

8.8.4 生产性能 黄白土田养分含量中等偏上，耕作层质地适中，适耕期10d以上，易耕作，土不淀板，好插秧，返青快，分蘖早，肥力较平缓，土壤通透性好，保肥蓄水能力强，土壤生产性能较好，利用方式多为一年两熟，利用率高。但应注意用养结合，进行秸秆还田，增施有机肥，提高土壤肥力。

表8-80 黄白土田（石坝镇苏郢村）土壤剖面形态学信息

剖面层次	取样深度（cm）	野外润态色调	野外润态明度	野外润态彩度	根系丰度	土壤质地	结构	发育程度	结持性	新生体丰度	新生体结核组成物质
Ap1	0～13	10YR	6	3		壤土	团块状	强	疏松	很少	铁/锰
Ap2	13～21	10YR	5	2	少	壤土	团块状	强	坚实	很少	铁/锰
Br1	21～50	10YR	6	4	少	黏土	棱柱状	强	坚实	少	铁/锰
Br2	50～97	10YR	5	1	很少	黏土	棱块状	强	坚实	少	铁/锰
Br3	97～130	10YR	5	4	无	黏土	团块状	中等	坚实	少	铁/锰

表8-81 黄白土田（石坝镇苏郢村）土壤容重与质地

剖面层次	容重（g/cm³）	机械组成（%）				土壤质地
		0.002mm以下	0.002～0.02mm	0.02～0.2mm	0.2～2mm	
Ap1	1.24	6.7	25.6	29.8	37.9	黏壤土
Ap2	1.50	21.0	55.4	22.8	0.8	黏土
Br1	1.45	44.7	33.4	21.3	0.6	黏土
Br2	1.51	42.3	36.8	20.5	0.4	黏土
Br3	1.59	37.3	35.7	26.7	0.3	黏土

表8-82 黄白土田（石坝镇苏郢村）土壤交换性养分含量

剖面层次	含水量（%）	pH	交换性酸总量[cmol(H⁺+1/3Al³⁺)/kg]	交换性氢离子[cmol(H⁺)/kg]	交换性铝离子[cmol(1/3Al³⁺)/kg]	阳离子交换量[cmol(+)/kg]
Ap1	6.1	6.08	0.81	＜0.10	0.81	25.87
Ap2	6.1	5.90	0.10	＜0.10	0.10	31.41
Br1	7.5	7.33	＜0.10	＜0.10	＜0.10	39.71
Br2	6.5	7.33	＜0.10	＜0.10	＜0.10	35.87
Br3	5.8	7.27	＜0.10	＜0.10	＜0.10	23.17

剖面层次	交换性盐基总量[cmol(+)/kg]	交换性钙[cmol(+)/kg]	交换性镁[cmol(+)/kg]	交换性钠[cmol(+)/kg]	交换性钾[cmol(+)/kg]	水溶性盐总量（g/kg）	电导率（mS/cm）
Ap1	21.9	13.7	6.41	0.32	0.57	0.17	0.04
Ap2	23.4	14.7	7.35	0.43	0.51	0.27	0.06
Br1	26.4	17.2	7.98	0.49	0.48	0.40	0.09
Br2	27.5	18.5	7.70	0.48	0.44	0.46	0.11
Br3	19.6	17.7	0.63	0.55	0.48	0.35	0.08

表8-83　黄白土田（石坝镇苏郢村）土壤水溶性养分含量

剖面层次	水溶性钠离子 [cmol(Na⁺)/kg]	水溶性钾离子 [cmol(K⁺)/kg]	水溶性钙离子 [cmol(1/2Ca²⁺)/kg]	水溶性镁离子 [cmol(1/2Mg²⁺)/kg]
Ap1	0.095	0.002	0.05	0.04
Ap2	0.122	0.011	0.12	0.09
Br1	0.159	0.002	0.18	0.12
Br2	0.232	0.002	0.20	0.13
Br3	0.220	0.002	0.16	0.10

剖面层次	水溶性碳酸根 [cmol(1/2CO₃²⁻)/kg]	水溶性碳酸氢根 [cmol(HCO₃⁻)/kg]	水溶性硫酸根 [cmol(1/2SO₄²⁻)/kg]	水溶性氯离子 [cmol(Cl⁻)/kg]	离子总量 (g/kg)
Ap1	0.03	0.10	0.08	0.07	0.17
Ap2	0.04	0.08	0.10	0.15	0.23
Br1	0.07	0.07	0.10	0.25	0.28
Br2	0.04	0.11	0.14	0.28	0.36
Br3	0.02	0.16	0.14	0.17	0.32

表8-84　黄白土田（石坝镇苏郢村）土壤全量养分含量

剖面层次	有机质 (g/kg)	碳酸钙 (g/kg)	全氮 (g/kg)	全磷 (g/kg)	全钾 (g/kg)	全硫 (g/kg)	全硼 (mg/kg)	全铁 (mg/kg)
Ap1	18.8	7	1.240	0.50	16.7	0.14	42.56	4.64×10^4
Ap2	14.9	7	1.070	0.43	14.5	0.15	35.89	3.50×10^4
Br1	2.82	10	0.398	0.17	17.2	0.09	44.32	4.88×10^4
Br2	1.94	5	0.334	0.18	20.3	0.06	42.68	4.44×10^4
Br3	3.80	4	0.313	0.29	20.2	0.07	40.94	4.49×10^4

剖面层次	全锰 (mg/kg)	全铜 (mg/kg)	全锌 (mg/kg)	全钼 (mg/kg)	全铝 (%)	全硅 (%)	全钙 (%)	全镁 (%)
Ap1	579	25.9	60.6	0.505	11.0	40.2	0.54	0.89
Ap2	424	24.9	55.4	0.509	8.08	27.9	0.63	0.78
Br1	499	30.4	68.9	0.423	7.85	31.5	0.57	0.89
Br2	1 046	28.6	68.5	0.346	7.76	26.2	0.61	0.86
Br3	904	26.9	65.5	0.374	7.32	32.1	0.69	0.93

表8-85　黄白土田（石坝镇苏郢村）土壤有效养分含量

剖面层次	有效磷 (mg/kg)	缓效钾 (mg/kg)	速效钾 (mg/kg)	有效硫 (mg/kg)	有效硅 (mg/kg)	有效铁 (mg/kg)
Ap1	8.9	518	210	17.48	226.65	88.9
Ap2	6.8	466	173	11.48	221.34	70.6
Br1	0.7	706	159	16.90	509.80	8.2
Br2	0.3	652	197	17.82	438.29	9.4
Br3	0.3	683	194	11.31	466.90	10.3

（续）

剖面层次	有效锰（mg/kg）	有效铜（mg/kg）	有效锌（mg/kg）	有效硼（mg/kg）	有效钼（mg/kg）	Fe_2O_3 及游离铁（g/kg）
Ap1	17.7	2.76	0.53	0.20	0.01	20.98
Ap2	17.6	1.85	0.39	0.22	0.04	21.81
Br1	2.5	0.62	0.24	0.08	0.01	19.92
Br2	17.9	0.72	0.18	0.05	0.01	16.97
Br3	17.0	0.69	0.15	0.05	0.01	15.83

8.9 晓星马肝田

8.9.1 归属与分布 二普的土种名称为浅马肝田。土壤发生学分类：水稻土土类，淹育水稻土亚类，浅马肝泥田土属，晓星马肝田土种。中国土壤系统分类：新成土土纲，正常新成土亚纲，黄土正常新成土土类，普通黄土正常新成土亚类。该土种共有面积89.26hm²，主要分布在岗顶和高塝地段，海拔40～80m，石坝镇和明东街道面积较大。

8.9.2 主要性状 母质为黄土状物质。旱改水时间不长，水耕熟化度低，耕作层、犁底层较发育，以下为母质层，土壤剖面为Ap1-Ap2-C型。耕作层14cm左右，小块状结构，有中量棕色胶膜和少量锈斑。土壤质地为黏壤土至黏土，黏粒含量剖面下部高于上部。耕作层土壤容重1.30g/cm³以上，犁底层以下更高。土壤呈微酸性至中性，pH 5.5～7.0，保肥能力中等。晓星马肝田农民称"黄泥田"，由于分布位置较高，常缺水。二普的剖面数据表明，水稻土的特征发育不明显，耕作层厚度平均12.9cm，最大16cm，最小11cm；犁底层不明显，厚度平均7.9cm，最大10cm，最小7cm；母质层（心土层）厚度平均36.6cm，最大76cm，最小18cm；底土层厚度平均30.4cm，最大49cm，最小23cm。心土层基本保持原母质性状，土体深厚，多为黄棕色，耕作层小块状结构，心土层棱柱状结构，结构体表面有棕灰色胶膜。全剖面质地黏壤土至黏土，上下均有铁锰结核，似绿豆大小，棕褐色，圆滑但无光泽。有的剖面还发现黏磐层，土壤淋溶、淀积作用较弱，有时表层呈片状结构，全剖面无石灰反应，中性，pH 6.5～7.0。

该土种水耕熟化程度低，淹水时间短，土温高，有机质缺乏。二普的10个农化样结果显示：耕作层有机质含量平均7.4g/kg，最大9.9g/kg，最小7.1g/kg；全氮含量平均0.77g/kg，最大0.82g/kg，最小0.76g/kg；有效磷含量平均5mg/kg，最大8mg/kg，最小2mg/kg；速效钾含量平均154mg/kg，最大180mg/kg，最小130mg/kg。土壤物理黏粒含量高，耕作层一般在40%以上，下层可到50%。土壤容重1.42g/cm³，中性反应。

8.9.3 典型剖面 典型剖面样为1983年12月3日采自魏岗乡上张村西南250m处，其形态描述如下。

Ap1层，耕作层：0～13cm，浅灰黄色，质地黏壤土，小块状结构，有少量铁锰结核及斑纹，pH 6.7。

Ap2层，犁底层：13～22cm，浅棕黄色，质地黏壤土，块状结构，有少量铁锰结核，

pH 6.7。

Br1层，氧化还原层：22～59cm，暗棕黄色，质地黏壤土，棱柱状结构，土质紧实，有少量铁锰结核，pH 7.0。

Br2层，氧化还原层：59～97cm，灰褐色，质地黏土，棱块状结构，土质紧实，有少量铁锰结核，pH 7.0。

C层，母质层：97～128cm，黄棕灰色，质地黏土，棱块状结构，土质紧实，有少量雏形铁锰结核，pH 7.0。

8.9.4　生产性能综述　耕作层较浅，难耕难耙，适耕期只有3d左右，群众用"顶犁头，耙不烂，当中还有溏心蛋"和"有钱不置黄泥田，干了硬湿了黏"的顺口溜，形容土壤难耕难耙；干旱时易开多角形裂缝，适种范围不广，一般两年三熟，返青慢，分蘖迟，施肥见效快，以碳铵与过磷酸钙混合一次重施基肥效果较好，施磷肥见效明显。土壤肥力低，作物长势差，灌溉水缺乏，有时等水栽秧，一空就是半年。耕作粗放，广种薄收，水稻产量4 500kg/hm² 左右。应积极发展水利，在改善灌溉条件下，应逐年加深耕作层，增加土壤有机质，化肥施用要增氮增磷、氮磷混合。

8.10　江夏马肝田

8.10.1　归属与分布　由二普的渗黄白土田、渗马肝田归并而来。土壤发生学分类：水稻土土类，渗育水稻土亚类，渗马肝泥田土属，江夏马肝田土种。中国土壤系统分类：人为土土纲，水耕人为土亚纲，铁渗水耕人为土土类，普通铁渗水耕人为土亚类。全市面积2 349.55hm²，主要分布在苏巷镇、桥头镇和女山湖镇，其他各地少量分布。

8.10.2　形态特征　耕作层质地黏壤土至黏土，小块状结构，黄棕色至灰色，微酸性至中性，pH 6.0～7.0，土壤剖面为Ap1-Ap2-Br型。二普的数据显示：耕作层厚度平均12.1cm，最大16cm，最小11cm；犁底层厚度平均7.6cm，最大13cm，最小5cm；渗育层厚度平均23.4cm，最大38cm，最小22cm；底土层厚度平均32cm，最大49cm，最小18cm。剖面有少量铁锰结核。土壤有机质含量10.7g/kg、全氮0.79g/kg、有效磷8.0mg/kg、速效钾175mg/kg。

三普的23个表层土壤农化样分析结果统计显示：土壤耕作层厚度21.3cm，土壤pH 6.3，土壤有机质含量14.40g/kg、全氮0.89g/kg、有效磷13.46mg/kg、速效钾181.57mg/kg，阳离子交换量27.79cmol(+)/kg，土壤容重1.27g/cm³。

8.10.3　调查剖面　剖面样品采自苏巷镇牛郢村，采样时间为2022年11月7日，海拔33.12m，小地形及地形部位为低丘、坡上，母质为黄土状物质（次生黄土）。年均温度15.0℃，年降水量849mm，无霜期232d，≥10℃活动积温4 829℃。植被为农作物。土壤剖面性状如图8-13、表8-86至表8-92所示。

耕作制度为一年两熟，稻-麦轮作，当季作物为水稻。常年作物产量水平水稻为7 500kg/hm²、小麦为6 000kg/hm²，水稻和小麦秸秆全量还田，还田年限为10年；水稻、小麦均施用复合肥和尿素。有效土层厚度18cm，土体构型为黏壤土-黏土。边界清晰，边界过渡平滑，土体厚度1m以上。耕作层土壤有机质含量丰富，达22.3g/kg，阳离子交换量25.24cmol(+)/kg，土壤保肥力强。交换性盐基总量16.6cmol(+)/kg，土壤盐基不饱和，土壤pH 5.06呈酸性，土壤全氮含量较为丰富达1.63g/kg，有效磷一般只有7.2mg/kg，速效钾偏高达218mg/kg，养分供应能力不强。

Ap1层，耕作层：0～11cm，棕色（7.5YR4/4，润），质地黏壤土，团粒状结构，结构体表面分布少量的小铁锰斑纹，发育程度中等，土质疏松，根系很少、细根，为草本活根根系，发育程度强，基本没有母质特性，呈中性反应。

Ap2层，犁底层：11～18cm，浊橙色（7.5YR6/4，润），质地黏土，团块状结构，发育程度中等，土质坚实，结构体表面分布少量的小铁锰斑纹和铁锰新生体胶膜，存在少量小球形铁锰矿质瘤状结核，用小刀易于破开，根系很少、细根，为草本活根根系，保留少量母质特性，呈中性反应。

Br1层，氧化还原层：18～63cm，橙色（7.5YR6/6，润），质地黏土，棱块状结构，发育程度强，基本没有母质特性，土质坚实，结构体表面分布少量的小铁锰斑纹，存在少量小球形铁锰矿质瘤状结核，用小刀易于破开，无根系。

Br2层，氧化还原层：63～120cm，棕色（7.5YR4/3，润），质地黏土，棱块状结构，发育程度中等，保留少量母质特性，土质坚实，结构体表面分布少量的小铁锰斑纹，存在少量小球形铁锰矿质瘤状结核，用小刀易于破开，无根系。

图8-13　江夏马肝田的土壤剖面（苏巷镇牛郢村）

表8-86　江夏马肝田（苏巷镇牛郢村）剖面形态学信息

剖面层次	取样深度（cm）	野外润态色调	野外润态明度	野外润态彩度	根系丰度	土壤质地	结构	发育程度	结持性	新生体丰度	新生体瘤状结核组成物质	酸碱性
Ap1	0～11	7.5YR	4	4	很少	黏壤土	团粒状	强	疏松	少	铁/锰	中性
Ap2	11～18	7.5YR	6	4	很少	黏土	团块状	中等	坚实	少	铁/锰	中性
Br1	18～63	7.5YR	6	6	无	黏土	棱块状	强	坚实	少	铁/锰	中性
Br2	63～120	7.5YR	4	3	无	黏土	棱块状	中等	坚实	少	铁/锰	中性

表8-87　江夏马肝田（苏巷镇牛郢村）土壤容重与质地

剖面层次	容重（g/cm³）	机械组成（%）				土壤质地
		0.002mm以下	0.002～0.02mm	0.02～0.2mm	0.2～2mm	
Ap1	1.15	17.3	56.7	25.4	0.6	黏壤土
Ap2	1.60	27.7	50.4	21.5	0.4	黏土
Br1	1.50	36.5	28.6	33.8	1.1	黏土
Br2	1.48	36.5	42.9	19.4	1.2	黏土

表8-88 江夏马肝田（苏巷镇牛郢村）表层土壤水稳性大团聚体含量

水稳性大团聚体直径	质量比例（%）	水稳性大团聚体直径	质量比例（%）
<0.25mm	63.0	2～3mm	0.3
0.25～0.5mm	16.3	3～5mm	0.6
0.5～1mm	9.5	5mm以上	7.0
1～2mm	3.3		

表8-89 江夏马肝田（苏巷镇牛郢村）土壤交换性养分含量

剖面层次	含水量（%）	pH	交换性酸总量 $[cmol(H^++1/3Al^{3+})/kg]$	交换性氢离子 $[cmol(H^+)/kg]$	交换性铝离子 $[cmol(1/3Al^{3+})/kg]$	阳离子交换量 $[cmol(+)/kg]$
Ap1	5.0	5.06	1.95	1.58	0.37	25.24
Ap2	5.0	6.76	<0.10	<0.10	<0.10	22.07
Br1	7.5	7.31	<0.10	<0.10	<0.10	36.91
Br2	7.9	7.42	<0.10	<0.10	<0.10	35.86

剖面层次	交换性盐基总量 $[cmol(+)/kg]$	交换性钙 $[cmol(+)/kg]$	交换性镁 $[cmol(+)/kg]$	交换性钠 $[cmol(+)/kg]$	交换性钾 $[cmol(+)/kg]$	水溶性盐总量（g/kg）	电导率（mS/cm）
Ap1	16.6	9.64	3.70	0.65	0.36	0.24	0.05
Ap2	17.8	12.2	4.72	0.33	0.43	0.22	0.04
Br1	27.5	18.7	7.73	0.38	0.36	0.25	0.05
Br2	27.4	19.0	7.55	0.43	0.34	0.25	0.05

表8-90 江夏马肝田（苏巷镇牛郢村）土壤水溶性养分含量

剖面层次	水溶性钠离子 $[cmol(Na^+)/kg]$	水溶性钾离子 $[cmol(K^+)/kg]$	水溶性钙离子 $[cmol(1/2Ca^{2+})/kg]$	水溶性镁离子 $[cmol(1/2Mg^{2+})/kg]$
Ap1	0.121	0.005	0.06	0.05
Ap2	0.107	0.008	0.14	0.09
Br1	0.112	0.004	0.09	0.07
Br2	0.132	0.005	0.07	0.06

剖面层次	水溶性碳酸根 $[cmol(1/2CO_3^{2-})/kg]$	水溶性碳酸氢根 $[cmol(HCO_3^-)/kg]$	水溶性硫酸根 $[cmol(1/2SO_4^{2-})/kg]$	水溶性氯离子 $[cmol(Cl^-)/kg]$	离子总量（g/kg）
Ap1	0.04	0.15	0.09	0.11	0.23
Ap2	0.02	0.12	0.07	0.08	0.20
Br1	0.04	0.09	0.10	0.09	0.21
Br2	0.03	0.11	0.10	0.09	0.21

表8-91 江夏马肝田（苏巷镇牛郢村）土壤全量养分含量

剖面层次	有机质（g/kg）	碳酸钙（g/kg）	全氮（g/kg）	全磷（g/kg）	全钾（g/kg）	全硫（g/kg）	全硼（mg/kg）	全铁（mg/kg）
Ap1	22.30	5	1.632	0.53	13.3	0.20	36.86	2.99×10^4
Ap2	7.99	5	0.692	0.28	15.8	0.08	46.56	3.18×10^4
Br1	4.29	6	0.345	0.28	16.4	0.05	41.48	4.54×10^4
Br2	4.23	4	0.314	0.33	16.3	0.06	40.38	4.45×10^4

（续）

剖面层次	全锰（mg/kg）	全铜（mg/kg）	全锌（mg/kg）	全钼（mg/kg）	全铝（%）	全硅（%）	全钙（%）	全镁（%）
Ap1	508	23.3	52.2	0.643	9.64	48.6	0.46	0.60
Ap2	691	23.5	49.1	0.588	8.45	33.3	0.55	0.60
Br1	1 011	26.4	61.5	0.458	10.8	36.6	0.63	0.81
Br2	1 312	28.0	65.3	0.487	11.6	38.3	1.07	1.02

表8-92　江夏马肝田（苏巷镇牛郢村）土壤剖面有效养分含量

剖面层次	有效磷（mg/kg）	缓效钾（mg/kg）	速效钾（mg/kg）	有效硫（mg/kg）	有效硅（mg/kg）	有效铁（mg/kg）
Ap1	7.2	493	218	14.11	165.07	284.7
Ap2	2.9	402	114	8.33	245.65	40.1
Br1	0.4	708	127	8.87	474.21	8.4
Br2	1.8	708	123	11.09	451.59	7.2

剖面层次	有效锰（mg/kg）	有效铜（mg/kg）	有效锌（mg/kg）	有效硼（mg/kg）	有效钼（mg/kg）	Fe_2O_3及游离铁（g/kg）
Ap1	36.3	3.02	0.90	0.37	0.06	19.10
Ap2	31.8	0.94	0.26	0.24	0.06	21.38
Br1	19.2	0.43	0.09	0.07	0.04	20.54
Br2	8.4	0.41	0.10	0.05	0.04	20.59

8.10.4　生产性能综述　江夏马肝田土地利用类型为水田，质地由黏壤土至黏土，土壤通透性差，但保水保肥性强，肥力平缓。利用方式多为稻-麦或稻-油一年两熟，很少闲茬。土壤肥力较低，可增施有机肥或进行秸秆还田、种植绿肥来改善提高土壤肥力，同时应完善灌排设施，避免强降水后排水不良而导致田间渍涝。

8.11　青泥骨田

8.11.1　归属与分布　土壤发生学分类：水稻土土类，潜育水稻土亚类，青潮泥田土属，青泥骨田土种。中国土壤系统分类：人为土土纲，水耕人为土亚纲，潜育水耕人为土土类，普通潜育水耕人为土亚类。该土种面积5.71万hm^2，零星分布于明光市境内，多处分布于沿河两侧圩畈区的低洼地段，海拔10~20m，地下水位30cm上下，母质为山河冲积物。

8.11.2　主要性状　该土种质地均一、黏重，多为壤黏土或粉砂黏土，黏粒含量高，全剖面占比为31%~44%，犁底层下粉砂含量高，占比45%~55%。土壤剖面为A-Apg-G型。耕作层有大量锈纹锈斑。犁底层稍紧实，有弱亚铁反应。潜育层暗青灰色，糊状无结构，有强亚铁反应。土体微酸性至中性，pH 5.5~7.4。阳离子代换量较高为18~20cmol(+)/kg，土壤养分含量较丰富。三普的2个表层土壤农化样分析结果统计显示：耕作层厚度均为20cm；有机质含量平均25.40g/kg，最大27.30g/kg，最小23.50g/kg；全氮含量平均1.55g/kg，最大1.73g/kg，最小1.36g/kg；全磷含量平均0.92g/kg，最大1.09g/kg，最小0.75g/kg；全钾含量平均15.20g/kg，最大15.90g/kg，最小14.50g/kg；土壤容重1.23g/cm³，0.002mm以下的黏粒平均含量28.90%，0.2～2mm的砂粒平均含量3.85%。

8.11.3 生产性能综述 青泥骨田黏实闭气难耕作，基本肥力及保肥性能较好。但因土壤水多气少，土温低，养分有效性差，氮肥施用效果不显著。熟制多为一季稻，冬闲，水稻易坐棵、僵苗、迟发，产量不高，单产4 500kg/hm²左右。改良利用上主要是健全排灌渠系，深沟排水，除涝防渍，降低地下水位，使土体中上部潜育层逐步脱潜，改冬沤为种油菜、绿肥，实行水旱轮作，清沟沥水，进行旱耕晒垡，增强土壤通透性能。种稻期间要注意控氮增磷，以免水稻后期贪青迟熟。

8.12 青马肝田

8.12.1 归属与分布 二普的土种名称为青马肝田。土壤发生学分类：水稻土土类，潜育水稻土亚类，青马肝泥田土属，青马肝田土种。中国土壤系统分类：人为土土纲，水耕人为土亚纲，潜育水耕人为土土类，普通潜育水耕人为土亚类。土质黏重，速效养分含量少，潜育层出现在50cm左右，厚度达20cm以上。多分布在㳇、冲等低洼处、水源条件好、排水不畅的地区。全市面积93.64hm²，主要分布在涧溪镇和女山湖镇。

8.12.2 主要性状 青马肝田土属母质为下蜀黄土，经水耕熟化发育而成的水稻土。耕作层以下有明显的蓝灰色潜育层，厚度一般大于20cm，无结构，还原性强，亚铁反应明显。犁底层发育不充分，泥脚深，土性冷，土壤通透性差，常年处于还原状况。土壤剖面为Ap1-Ap2-Bg-Bt型。二普的剖面数据显示：耕作层厚度平均11cm，最大14cm，最小10cm；犁底层厚度平均11.5cm，最大19cm，最小5cm；潜育层厚度平均28.2cm，最大46cm，最小19cm；斑淀层厚度平均36cm，最大79cm，最小25cm。由于土壤常年积水时间较长，还原性强，潜育层发育明显，常出现在50cm以上。耕作层沤水时，可见少量锈纹锈斑。潜育层亚铁反应强烈，呈膏状无结构状态。渗育层有一定的发育，垂直裂缝断续可见，灰色胶膜薄而无光泽。由于受渍水影响，淀积作用十分弱，土体中很少见到雏形铁锰结核。土壤黏重，土性冷，养分释放缓慢，有效养分含量低，微酸性，pH 6.0左右，是全市低产水稻土之一。

二普的数据显示：耕作层有机质含量平均12.0g/kg，最大12.8g/kg，最小11.7g/kg；全氮含量平均1.01g/kg，最大1.03g/kg，最小1.00g/kg；有效磷含量平均3mg/kg；速效钾含量平均132mg/kg。物理黏粒含量在50%以上，呈弱酸性至中性反应，pH 7.0左右。

三普的1个青马肝田表层土壤农化样分析结果统计显示：土壤耕作层厚度20.0cm，土壤pH 7.2，土壤有机质含量16.30g/kg、全氮0.96g/kg、有效磷1.90mg/kg、速效钾163.00mg/kg，阳离子交换量30.79cmol(+)/kg，土壤容重1.22g/cm³。

8.12.3　**典型剖面**　典型剖面样是1983年12月3日采自魏岗乡后李村西南200m处。青马肝田土壤剖面理化性状如表8-93所示，其形态描述如下。

Ap1层，耕作层：0～12cm，浅青灰色，质地黏土，碎块状结构，土质松软，有少量锈斑，pH 6.7。

Ap2层，犁底层：12～20cm，棕青灰色，质地黏土，有少量铁锰结核，pH 6.8。

Bg层，潜育层：20～48cm，青灰色，质地黏土，膏状，土质软烂，有强烈的亚铁反应，pH 7.1。

Bt层，斑淀层，48～98cm，浅灰色，质地黏土，棱柱状结构，土质紧实，有弱亚铁反应，灰色胶膜明显，pH 7.2。

8.12.4　**生产性能综述**　青马肝田耕作层土质黏烂，耕作时黏泥陷脚，呈条状，土粒悬浮分散，插秧易浮和漂秧，由于受地下水位高的影响，土性冷，肥力蓄供失调。潜育层中亚铁离子含量高，使水稻根系的生长受到抑制作用，根系活力弱，秧苗栽插后，落黄期长，返青缓慢，分蘖少，群众有"冷浸田，迟发田"之说，又用"黑胡子""笔杆子"等生动语言来比喻水稻的长势。但土壤保肥能力强，作物后期生长平稳，追肥过多或过晚，会造成水稻恋青晚熟、空穗多。土壤有较明显的择肥性，喜氮肥、磷肥等，施后见效较快，但肥劲短，利用方式多为一季中稻，利用率十分低，产量不超过3 000kg/hm²。今后应注意深挖排水沟，降低地下水位，增施有机肥料，实行水旱轮作。

表8-93　青马肝田土壤剖面理化性状分析

剖面层次	取样深度（cm）	有机质（g/kg）	全氮（g/kg）	全磷（g/kg）	全钾（g/kg）	有效磷（mg/kg）	速效钾（mg/kg）	pH
Ap1	0～12	13.4	0.94	0.94	16.4	2	163	6.7
Ap2	12～20	9.2	0.73	0.22	16.5	1	147	6.8
Bg	20～48	4.2	0.33	0.20	14.5	1	82	7.1
Bt	48～98	3.9	0.31	0.16	14.2	1	77	7.2

剖面层次	容重（g/cm³）	阳离子交换量[cmol(+)/kg]	机械组成（%）					土壤质地
			0.05～1.0mm	0.01～0.05mm	0.005～0.01mm	0.001～0.005mm	0.001mm以下	
Ap1	1.08	28.8	5.26	26.27	9.23	15.72	43.43	黏土
Ap2	1.09	27.3	4.03	28.27	10.02	13.67	43.98	黏土
Bg		25.7	6.41	39.08	11.61	15.25	31.65	黏土
Bt		24.7	5.94	37.62	12.26	6.53	37.65	黏土

8.13　青砂泥田

8.13.1　**归属与分布**　二普的土种名称为青细粒砂泥田。土壤发生学分类：水稻土土类，潜育水稻土亚类，青麻砂泥田土属，青砂泥田土种。中国土壤系统分类：人为土土纲，水耕人为土亚纲，潜育水耕人为土土类，普通潜育水耕人为土亚类。该土种面积

239.93hm²，分布在张八岭镇和三界镇。

8.13.2 主要性状 青砂泥田是角斑岩坡积物经水耕熟化发育而成。土壤剖面为Ap1–Bg–Br型。土壤质地以中壤土为主，潜育层多出现在50cm左右。二普的数据显示：耕作层厚度平均13.2cm，最大14cm，最小12cm；犁底层厚度平均12cm，最大13cm，最小11cm；潜育层厚度平均24.3cm，最大25cm，最小20cm；斑淀层厚度平均38.7cm，最大45cm，最小30cm。耕作层有机质含量10.8g/kg左右、全氮0.78g/kg、有效磷3mg/kg、速效钾92mg/kg。

三普的1个表层土壤农化样分析结果统计显示：土壤耕作层厚度20.0cm，土壤pH 5.8，土壤有机质含量15.50g/kg、全氮0.89g/kg、有效磷4.30mg/kg、速效钾148.00mg/kg，阳离子交换量25.08cmol(+)/kg，土壤容重1.55g/cm³。

8.13.3 典型剖面 典型剖面样是1983年3月8日采自老三界东南300m处，其形态描述如下。

Ap1层，耕作层：0～12cm，浅棕灰色，质地粉壤土，小块状结构，土质松软，有少量锈纹锈斑，pH 6.0。

Bg层，潜育层：12～50cm，深蓝灰色，质地黏壤土，有强亚铁反应，土质软烂，pH 6.0。

Br层，氧化还原层：50～90cm，棕黄色，质地黏壤土，棱块状结构，土质紧实，有少量铁锰结核和胶膜，pH 6.4。

8.13.4 生产性能综述 生产性能与改良措施同青马肝田。

8.14 澄白土田

8.14.1 归属与分布 二普的名称为白马肝田。土壤发生学分类：水稻土土类，漂洗水稻土亚类，漂马肝田土属，澄白土田土种。中国土壤系统分类：人为土土纲，水耕人为土亚纲，简育水耕人为土土类，漂白简育水耕人为土亚类。

澄白土田多分布在缓坡、平岗、上冲、上塝和平畈地带。全市主要分布在张八岭镇、桥头镇、石坝镇、明光街道和明东街道，共有1 808.24hm²。

8.14.2 主要性状 澄白土田成土母质为黄土状物质。土壤剖面为Ap1–Ap2–Br型。二普的剖面数据显示：耕作层厚度平均13.3cm，质地轻壤土，土质稍紧实；犁底层厚度平均7.8cm，质地中壤土，小块状结构；斑淀层厚度平均35.0cm，质地黏土，棱块状结构。犁底层和氧化还原层比较紧实，澄白土田粉砂粒含量高，在57%以上，耕作层和犁底层有少量锈纹锈斑，氧化还原层有少量胶膜。

澄白土田养分含量少。二普的农化样数据显示：耕作层有机质含量平均10.9g/kg，最大12.2g/kg，最小10.5g/kg；全氮含量平均0.89g/kg，最大1.00g/kg，最小0.85g/kg；有效磷含量平均4mg/kg；速效钾含量平均128mg/kg，最大285mg/kg，最小116mg/kg。耕作层土壤物理性粉砂含量在65%以上，pH 6.0左右，呈微酸性。

三普的18个表层土壤农化样分析结果统计显示：土壤耕作层厚度20.3cm，土壤pH

5.7，土壤有机质含量18.58g/kg、全氮1.04g/kg、有效磷12.56mg/kg、速效钾127.44mg/kg，阳离子交换量17.51cmol(+)/kg，土壤容重1.30g/cm³。

8.14.3　典型剖面　典型剖面样是1983年3月8日采自魏岗乡上苗东北100m处，其形态描述如下。

Ap1层，耕作层：0～13cm，淡黄灰色，质地壤土，屑粒状结构，土质稍紧，有少量锈纹锈斑和铁锰结核，pH 6.2。

Ap2层，犁底层：13～22cm，黄灰色，质地粉壤土，小块状结构，土质紧实，有少量锈纹锈斑，pH 6.5。

Br1层，氧化还原层：22～67cm，灰棕色，质地黏土，棱块状结构，土质紧实，有少量胶膜，pH 7.0。

Br2层，氧化还原层：67～105cm，黄棕色，质地黏土，棱块状结构，土质紧实，有少量铁锰结核，pH 7.0。

8.14.4　生产性能综述　澄白土田耕作层粉砂含量高，水耕2h后就淀浆板结，如遇大风，淀浆板结更快，所以要边耕边插秧。秧苗栽插后，返青较慢，分蘖迟，全生育期肥力不足，所以施肥量要大，宜重施基肥，氮磷配合，一次全层深施，追肥要适时，追肥猛、迟往往会造成作物倒伏、贪青。群众有"肥料少，稻象草，肥料多，稻易倒"的说法。土壤保肥蓄水能力差。复种指数较高，一年两季，稻–麦两熟，或一年一季中稻，产量低，中稻一季不超过3 750kg/hm²，稻–麦两季难以超过5 250kg/hm²。目前施用有机肥改变淀浆板结效果较好，今后要大力推广。

8.15　表白马肝田

8.15.1　归属与分布　二普的土种名称为表白马肝田。土壤发生学分类：水稻土土类，漂洗水稻土亚类，漂马肝田土属，表白马肝田土种。中国土壤系统分类：人为土土纲，水耕人为土亚纲，简育水耕人为土土类，漂白简育水耕人为土亚类。表白马肝田主要分布在管店镇，少量分布在张八岭镇，地形部位为平岗或上塝处，全市面积46.52hm²。

8.15.2　主要性状　表白马肝田表层的粉砂含量比白澄板田少，耕后10h内淀浆板结，质地多为轻壤土。土壤剖面为Ap1–Ap2–Br型。二普的数据显示：表白马肝田耕作层厚度平均13.3cm；犁底层厚度平均7.8cm，最大9cm，最小7cm；斑淀层厚度平均35cm，最大63cm，最小19cm；底土层厚度平均35.4cm，最大39cm，最小30cm。表白马肝田耕作层有机质含量8.6g/kg、全氮0.87g/kg、有效磷3mg/kg左右、速效钾105mg/kg左右。

三普的1个表层土壤农化样分析结果统计显示：土壤耕作层厚度20.0cm，土壤pH 5.4，土壤有机质含量27.10g/kg、全氮1.16g/kg、有效磷11.40mg/kg、速效钾68.00mg/kg，阳离子交换量14.24cmol(+)/kg，土壤容重1.37g/cm³。

8.15.3　典型剖面　典型剖面样是1983年7月2日采自包集乡许郢村东北50m处，表白马肝田剖面理化性状分析如表8-94所示，其形态描述如下。

Ap1层，耕作层：0～12cm，浅黄灰色，质地壤土，小块状结构，土质稍紧，有少量锈纹锈斑和铁锰结核，pH 6.4。

Ap2层，犁底层：12～20cm，棕灰色，质地粉壤土，块状结构，土质紧实，有少量的锈纹锈斑和铁锰结合，pH 6.5。

Br层，氧化还原层：20～107cm，灰棕色，质地黏土，梭块状结构，土质紧实，有灰黄色胶膜，pH 7.0。

表8-94　表白马肝田土壤剖面理化性状分析

剖面层次	取样深度（cm）	有机质（g/kg）	全氮（g/kg）	全磷（g/kg）	全钾（g/kg）	有效磷（mg/kg）	速效钾（mg/kg）	pH
Ap1	0～12	10.0	0.78	0.21	13.8	6	84	6.4
Ap2	12～20	8.6	0.73	0.17	15.2	8	89	6.6
Br	20～107	3.1	0.70	0.13	17.2	1	151	7.4

剖面层次	容重（g/cm³）	阳离子交换量[cmol(+)/kg]	机械组成（粒径mm）（%）					土壤质地
			0.05～1.0mm	0.01～0.05mm	0.005～0.01mm	0.001～0.005mm	0.001mm以下	
Ap1	1.47	14.3	5.14	57.04	19.83	14.15	3.84	壤土
Ap2	1.48	21.6	25.12	43.42	3.31	6.06	13.24	粉壤土
Br		29.3	5.39	31.66	10.54	11.83	40.58	黏土

8.15.4　生产性能综述　表白马肝田质地壤土，粉砂含量高。耕作费力但适耕期长达10d以上，水耕后易淀浆板结，其淀浆板结程度轻于白澄板田，土壤保苗性能差，速效养分含量少，作物生长全期肥力不足，所以要施足底肥、适时追肥，一般以氮磷肥配合，重基肥效果较好。利用方式为一年两季，产量较低，单季稻产量低于4 500kg/hm² 稻麦两季合计产量不超过5 250kg/hm²。今后应增施有机肥料，灌排水路分开，培肥地力，增加产量。

8.16　均质暗泥田

8.16.1　归属与分布　由二普的暗石泥田、瘦暗石泥田土种归并而成。土壤发生学分类：水稻土土类，潴育水稻土亚类，暗泥田土属，均质暗泥田土种。中国土壤系统分类：人为土土纲，水耕人为土亚纲，简育水耕人为土土类，普通简育水耕人为土亚类。主要分布在涧溪镇，是玄武岩坡积物经水耕熟化发育而成。全市面积1 651.03hm²，土壤暗灰色，质地黏重。

8.16.2　主要性状　均质暗泥田母质为玄武岩坡积物，多分布在丘陵正冲处。均质暗石泥田所处地势较好，水源充足，地下水位常出现在80cm处，土色暗，肥力高，剖面发育较好，土壤剖面为Ap1-Ap2-Br型。二普的数据显示：均质暗泥田耕作层厚度平均12.3cm，最大15cm，最小9cm，小块状结构；犁底层厚度平均10.1cm，最大15cm，最小7cm，小块或棱块状结构；渗育层厚度平均41.6cm，最大59cm，最小14cm，棱柱状结构；斑淀层厚度平均35.9cm，最大56cm，最小28cm。耕作层颜色灰暗，有锈纹锈斑，质地黏重，胀缩性大。氧化还原层发育充分，有雏形铁锰结核，全剖面呈中性反应。均质暗石泥田养分含量一般，肥力较高，耕作层有机质含量平均15.9g/kg，最大19.7g/kg，最小13.7g/kg；全氮含量平均1.16g/kg，最大1.54g/kg，最小0.97g/kg；有效磷含量平均16mg/kg，最大20mg/kg，最小8mg/kg，速效钾含量平均132mg/kg，最大165mg/kg，最小8mg/kg；物理黏粒含量较多，一般在46%以上，呈微酸性到中性。

三普的16个表层土壤农化样分析结果统计显示：土壤耕作层厚度21.8cm，土壤pH 6.3，土壤有机质含量21.65g/kg、全氮1.28g/kg、有效磷15.18mg/kg、速效钾129.94mg/kg，阳离子交换量29.96cmol(+)/kg，土壤容重1.26g/cm^3。

8.16.3 典型剖面

（1）典型剖面样是1983年12月7日采自官山乡陆圩子村西南100m处，土壤剖面理化性状如表8-95所示，其形态描述如下。

Ap1层，耕作层：0～13cm，暗灰色，质地黏壤土，小块状结构，土质稍紧，有少量绣纹绣斑和铁锰结核，pH 6.8。

Ap2层，犁底层：13～25cm，暗灰色，质地黏土，棱块状结构，土质紧实，有灰色厚且具光泽的胶膜，pH 6.6。

Br1层，斑淀层：25～80cm，浅灰色，质地黏土，棱柱状结构，土质紧实，有雏形铁锰结核和锈斑，pH 6.7。

Br2层，底土层：80～105cm，暗黄色，质地黏土，棱柱状结构，土质紧实，有少量铁锰结核，pH 7.0。

表8-95 均质暗泥田土壤剖面理化性状分析

剖面层次	取样深度（cm）	有机质（g/kg）	全氮（g/kg）	全磷（g/kg）	全钾（g/kg）	有效磷（mg/kg）	速效钾（mg/kg）	pH
Ap1	0～13	16.5	1.13	0.66	15.6	7	113	6.9
Ap2	13～25	10.3	0.81	0.53	15.6	1	166	7.2
Br1	25～80	5.4	0.41	0.54	15.3	1	91	7.2
Br2	80～105	9.9	0.58	0.36	14.8	1	116	6.9

剖面层次	容重（g/cm³）	阳离子交换量[cmol(+)/kg]	机械组成（%）					土壤质地
			0.05～1.0mm	0.01～0.05mm	0.005～0.01mm	0.001～0.005mm	0.001mm以下	
Ap1	1.42	36.9	6.29	23.77	11.04	5.75	53.15	黏壤土
Ap2	1.57	39.1	4.27	27.91	12.22	11.68	43.92	黏土
Br1		35.5	8.25	34.71	12.82	9.12	95.10	黏土
Br2		40.3	3.19	23.40	4.40	4.39	64.62	黏土

（2）典型剖面样是1983年12月3日采自大郢村西北250m处，处于正冲处，肥力低。分布位置低，地下水位较高，出现在50～60cm，距村庄较远，常年白水栽秧，速效养分

含量低。二普的数据显示：耕作层厚度平均12cm，最大13cm，最小11cm；犁底层厚度平均10.7cm，最大11cm，最小10cm；氧化还原层厚度平均39cm，最大57cm，最小27cm；斑淀层厚度平均47.5cm，最大55cm，最小40cm。该土种土性冷，养分转化慢，潜在肥力高，速效养分含量低，耕作层有机质含量1.52g/kg、全氮0.110g/kg、有效磷7mg/kg、速效钾107mg/kg，土壤容重1.42g/cm^3，物理性黏粒含量在55%上下，pH 6.5～7.0，呈中性。

土体颜色灰暗，落水后出现锈纹锈斑。犁底层厚，闭气有弱亚铁反应，小块状结构。氧化还原层由于受到犁底层的影响，在发育上受到一定限制，垂直节理虽可见，但不十分明显。胶膜薄而无光泽，斑淀层发育较差，雏形铁锰结核很小，僵烂，通透不良，雨季易造成渍害。全剖面呈中性反应，pH 6.8左右，其形态描述如下。

Ap1层，耕作层：0～12cm，暗灰棕色，质地黏土，小块状结构，土质软烂，有少量锈纹锈斑和铁锰结核，pH 6.4。

Ap2层，犁底层：12～28cm，青灰色，质地黏土，小块状结构，土质软烂，pH 6.9。

Br1层，氧化还原层：28～58cm，暗灰色，质地黏土，棱柱状结构，土质紧实，有灰色薄而无光泽的胶膜，pH 6.8。

Br2层，氧化还原层：58～110cm，黄灰色，质地黏土，棱块状结构，土质紧实，有少量铁锰结核及锈斑，pH 7.0。

8.16.4 生产性能综述 均质暗泥田质地黏重，耕性较差，适耕期3～5d，水耕容易，不陷不烂。易栽秧，栽后返青快，发棵早，结实率高。土壤择肥性不强，施用化肥和农家肥料均有很好的效果。土壤适种性较广，一般利用方式为稻-麦或稻-油两熟，长势较好，水稻产量7 500kg/hm^{2}左右，应注意开沟排水防止渍害。

8.17 表层夹砾马肝田

8.17.1 归属与分布 二普的土种名称为夹砾马肝田。土壤发生学分类：水稻土土类，潴育水稻土亚类，马肝泥田土属，表层夹砾马肝田土种。中国土壤系统分类：人为土土纲，水耕人为土亚纲，简育水耕人为土土类，普通简育水耕人为土亚类，共有面积1 542.84hm^2，主要分布在张八岭镇、石坝镇和三界镇。

8.17.2 主要性状 该土种的母质为黄土状物质，土体润态色调10YR，土壤质地多为黏壤土，团块、棱块状结构，土壤剖面为Ap1-Ap2-Br1-Br2型。

三普的11个表层土壤农化样分析结果统计显示：土壤耕作层厚度19.5cm，土壤pH 5.8，土壤有机质含量20.93g/kg、全氮1.23g/kg、有效磷10.91mg/kg、速效钾104.55mg/kg，阳离子交换量19.72cmol(+)/kg，土壤容重1.28g/cm^3。

8.17.3 调查剖面 剖面位于石坝镇三关村，海拔68.21m，采样时间为2022年11月5日，地形部位为低丘阶地坡中，微坡。有效土层厚度120cm，母质为黄土状物质。土体润态色调10YR，润态明度4，润态彩度2～5。种植制度为一年两熟，当季作物为水稻。土壤质地为黏壤土，土体中有少量铁锰斑纹。土壤剖面性状如图8-14、表8-96至表8-102所示。

Ap1层，耕作层：0～18cm，灰黄棕色（10YR4/2，润），质地黏壤土，团粒状结构，植物根系数量中等，土质疏松，基本没有母质特性，有中等数量铁锰斑纹，pH 6.22。

Ap2层，犁底层：18～26cm，浊黄棕色（10YR4/3，润），质地黏壤土，棱块状结构，植物根系少，土质坚实，基本没有母质特性，有少量铁锰斑纹，pH 6.82。

Br1层，氧化还原层：26～73cm，棕色（10YR4/4，润），质地黏壤土，棱块状结构，植物根系无，土质坚实，保留少量母质特性，有少量铁锰斑纹，pH 7.17。

Br2层，氧化还原层：73～120cm，棕色（10YR4/5，润），质地黏壤土，棱柱状结构，植物根系无，土质坚实，保留少量母质特性，有少量铁锰斑纹，pH 7.57。

图8-14　表层夹砾马肝田的土壤剖面（石坝镇三关村）

表8-96　表层夹砾马肝田（石坝镇三关村）土壤剖面形态学信息

剖面层次	取样深度（cm）	野外润态色调	野外润态明度	野外润态彩度	根系丰度	土壤质地	结构	发育程度	结持性	新生体丰度	新生体斑纹组成物质	酸碱性
Ap1	0～18	10YR	4	2	中等	黏壤土	团粒状	强	疏松	中等	铁/锰	酸性
Ap2	18～26	10YR	4	3	少	黏壤土	棱块状	强	坚实	少	铁/锰	中性
Br1	26～73	10YR	4	4	无	黏壤土	棱块状	中等	坚实	少	铁/锰	中性
Br2	73～120	10YR	4	5	无	黏壤土	棱柱状	中等	坚实	少	铁/锰	碱性

表8-97　表层夹砾马肝田（石坝镇三关村）土壤容重与质地

剖面层次	容重（g/cm³）	机械组成（%）				土壤质地
		0.002mm以下	0.002～0.02mm	0.02～0.2mm	0.2～2mm	
Ap1	1.25	19.1	34.4	39.9	6.6	黏壤土
Ap2	1.63	19.1	29.2	43.7	8.0	黏壤土
Br1	1.48	24.8	47.6	26.4	1.2	黏壤土
Br2	1.49	24.2	31.0	44.1	0.7	黏壤土

表8-98　表层夹砾马肝田（石坝镇三关村）表层土壤水稳性大团聚体含量

水稳性大团聚体直径	质量比例（%）	水稳性大团聚体直径	质量比例（%）
＜0.25mm	54.4	2～3mm	1.3
0.25～0.5mm	17.4	3～5mm	1.3
0.5～1mm	10.0	5mm以上	11.8
1～2mm	3.7		

表8-99 表层夹砾马肝田（石坝镇三关村）土壤交换性养分含量

剖面层次	含水量（%）	pH	交换性酸总量 $[cmol(H^++1/3Al^{3+})/kg]$	交换性氢离子 $[cmol(H^+)/kg]$	交换性铝离子 $[cmol(1/3Al^{3+})/kg]$	阳离子交换量 $[cmol(+)/kg]$
Ap1	4.8	6.22	<0.10	<0.10	<0.10	19.62
Ap2	3.5	6.82	<0.10	<0.10	<0.10	18.09
Br1	6.3	7.17	<0.10	<0.10	<0.10	25.39
Br2	4.5	7.57	<0.10	<0.10	<0.10	13.96

剖面层次	交换性盐基总量 $[cmol(+)/kg]$	交换性钙 $[cmol(+)/kg]$	交换性镁 $[cmol(+)/kg]$	交换性钠 $[cmol(+)/kg]$	交换性钾 $[cmol(+)/kg]$	水溶性盐总量（g/kg）	电导率（mS/cm）
Ap1	14.2	9.71	3.28	0.59	0.42	0.32	0.07
Ap2	14.3	9.63	3.66	0.43	0.38	0.32	0.05
Br1	19.0	13.6	4.21	0.38	0.41	0.31	0.07
Br2	11.6	7.24	3.60	0.39	0.33	0.33	0.07

表8-100 表层夹砾马肝田（石坝镇三关村）土壤水溶性养分含量

剖面层次	水溶性钠离子 $[cmol(Na^+)/kg]$	水溶性钾离子 $[cmol(K^+)/kg]$	水溶性钙离子 $[cmol(1/2Ca^{2+})/kg]$	水溶性镁离子 $[cmol(1/2Mg^{2+})/kg]$
Ap1	0.141	0.041	0.09	0.06
Ap2	0.094	0.005	0.17	0.09
Br1	0.137	0.032	0.12	0.07
Br2	0.153	0.002	0.20	0.09

剖面层次	水溶性碳酸根 $[cmol(1/2CO_3^{2-})/kg]$	水溶性碳酸氢根 $[cmol(HCO_3^-)/kg]$	水溶性硫酸根 $[cmol(1/2SO_4^{2-})/kg]$	水溶性氯离子 $[cmol(Cl^-)/kg]$	离子总量（g/kg）
Ap1	0.03	0.12	0.17	0.11	0.28
Ap2	0.02	0.18	0.11	0.07	0.26
Br1	0.04	0.16	0.13	0.09	0.28
Br2	0.02	0.20	0.15	0.09	0.32

表8-101 表层夹砾马肝田（石坝镇三关村）土壤全量养分含量

剖面层次	有机质（g/kg）	碳酸钙（g/kg）	全氮（g/kg）	全磷（g/kg）	全钾（g/kg）	全硫（g/kg）	全硼（mg/kg）	全铁（mg/kg）
Ap1	28.50	4	1.690	1.10	9.2	0.25	28.88	2.85×10^4
Ap2	5.29	4	0.467	0.41	19.8	0.09	28.21	3.48×10^4
Br1	6.32	9	0.304	0.48	14.8	0.06	36.64	3.92×10^4
Br2	1.68	3	0.371	0.51	20.3	0.08	33.11	3.56×10^4

剖面层次	全锰（mg/kg）	全铜（mg/kg）	全锌（mg/kg）	全钼（mg/kg）	全铝（%）	全硅（%）	全钙（%）	全镁（%）
Ap1	675	33.5	95.8	0.477	8.21	38.1	0.53	0.57
Ap2	2 419	23.5	63.1	0.515	5.43	32.9	0.50	0.49
Br1	919	25.5	62.0	0.538	6.32	30.9	0.68	0.74
Br2	1 076	23.6	60.8	0.695	10.6	37.6	0.60	0.62

表8-102　表层夹砾马肝田（石坝镇三关村）土壤有效养分含量

剖面层次	有效磷（mg/kg）	缓效钾（mg/kg）	速效钾（mg/kg）	有效硫（mg/kg）	有效硅（mg/kg）	有效铁（mg/kg）
Ap1	33.3	547	213	11.21	134.55	354.9
Ap2	5.4	535	126	9.94	179.14	20.4
Br1	15.9	512	100	5.12	248.05	20.5
Br2	29.0	532	102	2.57	375.93	23.5

剖面层次	有效锰（mg/kg）	有效铜（mg/kg）	有效锌（mg/kg）	有效硼（mg/kg）	有效钼（mg/kg）	Fe_2O_3及游离铁（g/kg）
Ap1	8.5	7.28	5.91	0.44	0.08	33.3
Ap2	21.1	1.62	0.24	0.20	0.04	5.4
Br1	33.2	0.38	0.20	0.14	0.08	15.9
Br2	20.8	0.61	0.40	0.10	0.11	29.0

8.17.4　生产性能综述　表层夹砾马肝田易耕易耙，土壤保肥蓄水性能强，质地适中，栽插秧苗容易，不漂秧，只是秧苗返青迟缓，发棵数量不多，作物生长后期有时脱肥，应及时追肥，避免产生空秕粒，降低结实率和产量。土壤择肥性不强，施用化肥和农家肥料效果均很好。土壤适种性较广，一般利用方式为稻－麦两熟，作物长势较好，水稻产量9 000kg/hm² 左右。